大学物理实验指导书

侯双印　魏民云／主编

辽宁大学出版社 Liaoning University Press｜沈阳

图书在版编目（CIP）数据

大学物理实验指导书/侯双印，魏民云主编.

沈阳：辽宁大学出版社，2024.7.--ISBN 978-7-5698-1643-3

Ⅰ.O4-33

中国国家版本馆 CIP 数据核字第 2024KK2074 号

大学物理实验指导书

DAXUE WULI SHIYAN ZHIDAO SHU

出 版 者：辽宁大学出版社有限责任公司

（地址：沈阳市皇姑区崇山中路 66 号　　邮政编码：110036）

印 刷 者：河北浩润印刷有限公司

发 行 者：辽宁大学出版社有限责任公司

幅面尺寸：185mm×260mm

印　张：6.5

字　数：105 千字

出版时间：2024 年 7 月第 1 版

印刷时间：2024 年 7 月第 1 次印刷

责任编辑：张　蕊

封面设计：徐澄玥

责任校对：范　微

书　号：ISBN 978-7-5698-1643-3

定　价：38.00 元

联系电话：024-86864613

邮购热线：024-86830665

网　址：http://press.lnu.edu.cn

序 言

　　物理学作为一门实验科学，其发展与实验研究息息相关。在我国高等教育领域，大学物理实验课程已成为培养优秀人才的重要手段。通过实验，学生可以直观地理解物理定律，提高实验操作技能，培育创新意识和科学素养。

　　近年来，各高校以培养适应社会发展需要的高素质人才为核心，在物理实验课的课程体系、教学内容、教学方法等方面进行了卓有成效的教学研究和教学改革，一批教育理念、教学思想先进，教学内容、教学方法新颖，反映科研新成果的优秀教材脱颖而出。本实验讲义是在我院多年大学物理实验教学的基础上，结合学科特点综合精选编写而成的。

编者

2023 年 11 月 20 日

学生实验守则

一、实验前的准备

1. 学生应在实验前了解实验设备的性能、实验原理和实验步骤，确保对实验有充分的了解。

2. 学生应按时到达实验室，并按照实验安排表准备好实验器材和工具。

二、实验进行中的规定

1. 学生在实验过程中应严格遵守实验规程和安全操作规程，不得擅自改变实验方案。

2. 学生应随时注意实验设备的工作状态，发现异常情况应立即报告实验教师。

3. 学生应在实验教师的指导下进行实验，不得擅自操作实验设备。

4. 学生在实验过程中应使实验室保持整洁，实验结束后将实验器材归位。

三、实验结束后的注意事项

1. 学生应认真清理实验台，确保实验器材和实验现场干净整洁。

2. 学生需认真完成实验报告，记录实验过程和实验结果，并对实验数据进行分析。

3. 学生应在规定时间内上交实验报告，以便教师对实验情况进行评估。

四、实验安全规定

1. 学生应严格遵守实验室的安全规定，禁止在实验室内吸烟、进食等。

2. 学生在实验过程中应确保实验设备的安全稳定，防止意外事故的发生。

五、实验道德规范

1. 学生应尊重实验教师和其他同学，团结协作，共同完成实验任务。

2. 学生应爱护实验设备，妥善保管，避免损坏。

3．学生应注重实验数据的准确性，严禁篡改实验数据。

4．学生应积极参与实验讨论，分享实验经验和心得，促进学术氛围的形成。

我们希望每名学生都能在实验过程中遵守学生实验守则，确保自身和他人的安全，提高实验效率，获得实验效果，培养良好的实验素养和科研精神。同时，也为我国培养更多优秀的科研人才奠定坚实的基础。

目　录

绪　论…………………………………………………………………………… 1

测量误差与实验数据处理基础知识…………………………………………… 5

实验一　长度的综合测量…………………………………………………… 22

实验二　刚体转动惯量测量………………………………………………… 29

实验三　用拉伸法测钢丝杨氏模量………………………………………… 34

实验四　用衍射光栅测光波波长…………………………………………… 40

实验五　用牛顿环测透镜曲率半径………………………………………… 47

实验六　用模拟法描绘静电场……………………………………………… 52

实验七　用电磁感应法描绘磁场…………………………………………… 59

实验八　利用电位差计测未知电源电动势………………………………… 63

实验九　示波器的工作原理和使用………………………………………… 68

实验十　利用超声波测声速………………………………………………… 81

实验十一　惠斯登电桥测电阻温度系数…………………………………… 92

绪 论

一、物理实验课的地位、作用和教学任务

物理学本质上是一门实验科学。无论是物理规律的发现，还是物理理论的验证，都离不开物理实验。例如，赫兹的电磁波实验使麦克斯韦电磁场理论获得普遍认同；杨氏干涉实验使光的波动学说得以确立；卢瑟福的 α 粒子散射实验揭开了原子的秘密；近代高能粒子对撞实验使人们深入物质的最深层——原子核和基本粒子的内部——来探索其规律性，等等。可以说，没有物理实验，就没有物理学本身。

物理实验是科学实验的先驱，体现了大多数科学实验的共性，在实验思想、实验方法以及实验手段等方面是各学科科学实验的基础。

物理实验是高等理工科院校对学生进行科学实验基本训练的必修基础课，是本科生学习系统实验方法和实验技能训练的开端。物理实验的知识、方法和技能是学生进行后继实践训练的基础，也是毕业后从事各项科学实践和工程实践的基础。物理实验课覆盖广，实验思想、方法和手段丰富，同时能提供综合性很强的基本实验技能训练，是培养学生科学实验能力、提高科学素养的重要基础课程。它在培养学生严谨的治学态度、活跃的创新意识、理论联系实际和适应科技发展的综合应用能力等方面具有其他实践类课程不可替代的作用。

物理实验课的具体任务：

（1）培养学生的基本科学实验技能，提高学生的科学实验基本素质，使学生初步掌握实验科学的思想和方法。

（2）培养学生的科学思维和创新意识，使学生掌握实验研究的基本方法，提高学生分析问题、解决问题以及创新的能力。

（3）提高学生的科学素养，培养学生理论联系实际和实事求是的科学作

风，认真严谨的科学态度，积极主动的探索精神，遵守纪律、团结协作和爱护公共财产的优良品德。

对科学实验能力培养的基本要求包括：

（1）独立学习的能力：能够自行阅读与钻研实验教材和资料，必要时自行查阅相关文献资料，掌握实验原理及方法，做好实验前的准备。

（2）独立进行实验操作的能力：能够借助教材或仪器说明书来正确使用常用仪器及辅助设备，独立完成实验内容，逐步形成自主实验的基本能力。

（3）分析和研究的能力：能够融合实验原理、设计思想、实验方法及相关的理论知识对实验结果进行分析、判断、归纳和综合，通过实验掌握对物理现象和物理规律进行研究的基本方法，具有初步的分析和研究的能力。

（4）书写表达的能力：掌握科学与工程实践中普遍使用的数据处理与分析方法，建立误差与不确定度的概念，正确记录和处理实验数据，绘制曲线，分析说明实验结果，撰写合格的实验报告，逐步培养科学技术报告和科学论文的写作能力。

（5）理论联系实际的能力：能够在实验中发现问题、分析问题并学习解决问题的科学方法，逐步提高综合运用所学知识和技能解决实际问题的能力。

（6）创新与实验设计的能力：能够完成符合规范要求的设计性、综合性实验，能进行初步的具有研究性或创意性内容的实验，逐步培养创新能力。

二、物理实验课的三个基本环节

（一）实验前的预习

课前认真预习好教材，通过阅读实验教材和有关的参考资料，弄清实验的目的、原理、所要使用的仪器和测量方法，了解实验的主要步骤及注意事项等。在此基础上写出预习报告，预习报告应简明扼要地写出：①实验名称；②实验任务；③测量公式（包括公式中各物理量的含义和单位）；④原理图、线路图或光路图；⑤关键实验步骤（提纲性的）等内容。

（二）实验操作

做实验不是简单地测量几个数据，计算出结果就行，也不能把这一重要的实践过程看成只动手不动脑的机械操作。通过实验的实践，要有意识地培养自己使用和调节仪器的本领、精密正确的测量技能、善于观察和分析实验现象的科学素养、整洁清楚地做实验记录（包括实验中发现的问题、观察到的现象、原始测量数据等）的良好习惯，并逐步培养自己设计实验的能力。在实验过程中不仅要动手进行操作和测量，还必须积极地动脑筋思考，珍惜独立操作的机会。记录实验数据时不能使用铅笔。实验完毕，数据应交教师审查签字，在将仪器、凳子归整好以后，才能离开实验室。

此外，在实验过程中要遵守操作规范，注意安全。

（三）实验报告

实验报告是实验工作的最后环节，是整个实验工作的重要组成部分。物理实验报告，见附 1。撰写实验报告，可以锻炼科学技术报告的写作能力和总结工作的能力，这是未来从事任何工作都需要的能力。

附 1

物理实验报告

保定理工学院

实验报告纸

姓名		班级		实验日期	年　月　日
学号		实验台号		成绩	
实验题目				指导教师	

一、实验目的

二、实验仪器

写出主要仪器的名称、规格及型号。

三、实验原理

用自己的语言，简明扼要地写出实验原理（实验的理论依据）和测量方法要点，说明实验中必须满足的条件，写出数据处理时必须要用的一些主要公式，表明公式中的物理量的意义，画出必要的实验原理示意图、测量电路图或光路图，简明扼要地写出实验步骤。

四、数据和数据处理

首先，根据研究的问题需要设计好实验数据表格，在表格中列出全部原始测量数据，表格必须要有标题。其次，按被测量最佳估计的计算、被测量的不确定度计算和被测量的结果表示的顺序，正确计算和表示测量结果。一般要按先写公式，再带入数据，最后得出结果的程序进行每一步的运算。要求作图的，应按作图规则用坐标纸画出。

五、结论

一定要将结论写清楚，不要将其湮没在处理数据的过程中。

六、分析和讨论

必要时对实验中观察到的现象、实验结果进行具体分析和讨论，回答教师指定的问题。

测量误差与实验数据处理基础知识

一、测量与测量误差

（一）测量

物理实验是将物质的运动形态按人们的意愿在一定的实验条件下再现，以找出各物理量间的关系，确定它们的数值大小，从中获取规律性认识的过程。从测量方法出发来分类，可将测量分为直接测量和间接测量。

（1）直接测量。凡使用量仪或量具直接得到（读出）测量数值的方法，叫直接测量。如用米尺测量长度，用温度计测量温度，用秒表测量时间以及用电表测量电流和电压等。

（2）间接测量。很多物理量，没有直接测量的仪器，常常需要根据一些物理原理、公式，计算出所要求的物理量，这种间接得到测量数值的方法，称为间接测量。如测量圆柱的密度时，由直接测量测出圆柱的直径 D、高 h 和质量 m，然后根据公式

$$\rho = \frac{4m}{\pi D^2 h}$$

计算出圆柱的密度 ρ。

测量从本质上讲是人们对自然界中的客体获取数量概念的一种认识过程。这一过程，总是通过一定的实验者，运用一定的方法，使用一定的仪器实现的。在测量过程中，为确定被测对象的测量值，首先要选定一个单位。显然，数值的大小与所选的单位有关。因此，表示一测量值数值时必须附以单位。

（二）真值与误差

一个待测的物理量，客观上在一定条件下都有一定的大小，我们称之为

真值。显然，我们测量也正是为了寻求这一真值。但具体的测量总要使用一定的仪器，通过一定的方法，在一定的环境条件下，由一定的观测者去完成，而仪器、方法、环境和测量者都不可能是尽善尽美，没有缺陷的，因而得到的测量值和真值之间总不可避免地存在着或多或少的差异，这种差异就是所谓的误差。

如果用 A 表示待测量的真值，X 表示具体的测量值，则可将测量的误差 ΔX 表示为

$$\Delta X = X - A$$

测量得到的一切值，都毫无例外地存在误差，误差存在于一切测量之中，而且贯穿于测量过程的始末。

（三）误差的分类

根据误差形成的不同原因及表现出的不同特性，通常将其分为系统误差、随机误差两类。

（1）系统误差。在一定的实验条件下，对同一物理量进行多次测量时，误差的绝对值和符号总保持不变或总按某一特定的规律变化，这一类误差称为系统误差。

系统误差的产生原因可归结为以下四个方面：① 仪器本身的缺陷。如刻度不准确，零点未校准，仪器未按要求调到最佳测量状态等。② 理论与方法上的不完善。③ 外界环境因素的影响。④ 测量者的习惯和偏向。

（2）随机误差。在相同的条件下，多次测量同一物理量时，误差时大时小，时正时负，以一种不可预定的方式随机变化着，这类误差称为随机误差。它是由一系列随机的、不确定的因素所形成的。

习惯上，随机误差又被称为"偶然误差"，但在理解这一概念时要注意，所谓随机误差（偶然误差）仅仅是指在某一次具体的测量中，其误差的大小与正负带有偶然性（随机性），而不能理解为在测量过程中，这类误差只是偶然出现的，也不能理解为"随机误差是完全偶然的，随机性的，没有什么规律可循的"。事实上，当测量次数足够多时，随机误差必然显示出其特有的规律性。

二、直接测量的结果及不确定度的分析

在直接对一个物理量进行测量时，测量值中往往同时存在系统误差和随机误差。在本部分，我们将首先讨论随机误差的分析方法，然后引入不确定度的概念并说明如何表示直接测量的结果。

（一）随机误差的统计规律

如前所述，就每一次测量而言，其随机误差的大小和符号都是不可预知的，具有"偶然性"或"随机性"。但理论和实践都证明，如果对某一物理量在同一条件下进行多次测量，则当测量次数足够多时，这一组等精度测量数据（称为一个测量列）的随机误差一般服从如图 1 所示的统计规律，图中横坐标表示误差 ΔX，纵坐标表示一个与该误差出现的概率相关的概率密度函数 $f(\Delta X)$。

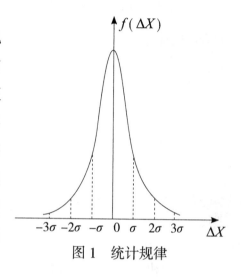

图 1　统计规律

可以证明：

$$f(\Delta X) = \frac{1}{\sigma\sqrt{2\pi}} e^{-(\Delta X)^2/2\sigma^2}$$

这种分布称为正态分布（高斯分布），其中的 σ 为分布函数的特征量，其值为

$$\sigma = \sqrt{\frac{\sum_{i=1}^{n}(\Delta X_i)^2}{n}}$$

服从正态分布的随机误差具有以下一些特征：

（1）单峰性。绝对值小的误差出现的概率比绝对值大的出现的概率大。

（2）对称性。绝对值相等的正、负误差出现的概率相同。

（3）有界性。在一定的测量条件下，误差的绝对值不超过一定限度。

（4）抵偿性。随机误差的算术平均值随测量次数的增加而趋向于零。

（二）测量结果的最佳值——算术平均值

在测量不可避免地存在随机误差的情况下，每次测量的值各有差异，那么，怎样的测量值是最接近于真值的最佳值呢？

我们可以利用上面所讨论的随机误差的统计规律来分析怎样确定测量结果的最佳值。

设对某一物理量进行了多次等精度测量，得到的测量列为 X_1, X_2, $\cdots$, X_n。设测量中的系统误差可忽略，每次测量的随机误差分别为

$$\Delta X_1 = X_1 - A$$

$$\Delta X_2 = X_2 - A$$

$$\cdots\cdots$$

$$\Delta X_n = X_n - A$$

则

$$\frac{1}{n}\sum_{i=1}^{n}\Delta X_i = \frac{1}{n}\sum_{i=1}^{n}X_i - A$$

按随机误差的抵偿性，$n \to \infty$ 时 $\frac{1}{n}\sum \Delta X_i \to 0$，$\bar{X} \to A$，由此可见，在测量次数足够多时，测量列的算术平均值趋向于真值。在相同条件下进行多次测量后，我们总是取测量列的算术平均值作为测量列的最佳近似值（最佳值），因为从统计上讲，测量列的算术平均值 $\bar{x}$ 比任何一个测量值 X_i 更接近于真值 A。

此结论也适用于随机误差遵从其他分布规律的情况。

（三）多次测量的随机误差估计

当我们在相同条件下对同一物理量进行了 n 次测量。

测量后，我们已经得到了真值的最佳近似值——算术平均值。那么，应如何表示测量中的随机误差呢？目前，最通用的方法是采用与

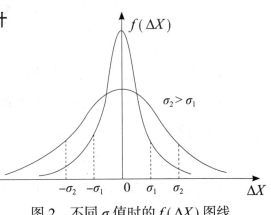

图 2 不同 σ 值时的 $f(\Delta X)$ 图线

随机误差的正态分布函数密切相关的"标准误差"来表示随机误差。

图 2 表示不同 σ 值时的 $f(\Delta X)$ 图线。由图可见，σ 值小，则曲线较陡，说明这组测量数据的分散性小，重复性好；而 σ 值大，则曲线较平坦，分布较宽，说明测量数据的重复性差。

由此可见，这一特征量可用来反映一组测量数据的重复性的好坏（精密度的高低），即随机误差的大小，故将 σ 定义为这组测量列的标准误差，其值为

$$\sigma = \sqrt{\frac{\sum_{i=1}^{n}(\Delta X_i)^2}{n}} = \sqrt{\frac{\sum_{i=1}^{n}(X_i - A)^2}{n}}$$

应该指出，标准误差 σ 和各测量值的误差 ΔX_i 有着完全不同的意义，σ 并不是一个具体的测量的误差值，而是一个统计性的特征量。当测量列的标准误差为 σ 时，该测量列中各测量值的误差很可能都不等于 σ，但可以证明，该测量列中任一测量值的随机误差落在 $(-\sigma, \sigma)$ 区间内的概率为 68.3%。

还应该指出的是，在实际测量中，真值是无法确知的，我们只能用多次测量的算术平均值 $\bar{X}$ 来近似地代表真值 A。因而只能用各测量值与算术平均值之差 $\varepsilon_i = X_i - \bar{X}$（称为残差）来估计误差。

可以证明，在这种情况下，测量列的标准误差公式应修改为

$$\sigma = \sqrt{\frac{\sum_{i=1}^{n}\varepsilon_i^2}{n-1}} = \sqrt{\frac{\sum_{i=1}^{n}(X_i - \bar{X})^2}{n-1}}$$

上式表示一测量列中各测量值所对应的标准误差，那么各测量值的算术平均值 $\bar{X}$ 的随机误差如何估算呢？如前所述，从统计上讲 $\bar{X}$ 应比每一个测量值 X_i 都更接近于真值，应用误差理论可以证明，算术平均值 $\bar{X}$ 的随机误差 σ_X 为

$$\sigma_X = \frac{\sigma}{n} = \sqrt{\frac{\sum_{i=1}^{n}(X_i - \bar{X})^2}{n(n-1)}}$$

注意，$\sigma_{\bar{X}}$ 也是一个统计性的特征量，它表示 $\bar{X}$ 在 $(A - \sigma_{\bar{X}}, A + \sigma_{\bar{X}})$ 区间内的概率为 68.3%。

由上式可知，随着测量次数 n 的增加，$\sigma_{\bar{X}}$ 将减小，这就是通常所说的增

加测量次数可以减少随机误差的意义所在。但在 $n > 10$ 后，$\sigma_{\bar{x}}$ 变化很慢，所以测量次数过多也没有多少实际意义，综合各种因素考虑，在我们的实验中一般取 $\sigma \leqslant n \leqslant 10$。

三、测量结果的评定和不确定度

（一）不确定度的含义

在物理实验中，因真值得不到，测量误差也就不能得到。为此，1992 年国际计量大会以及四个国际组织制定了《测量不确定度表达指南》。1993 年，此《测量不确定度表达指南》经国际理化等组织批准实施。

对一个物理实验的具体数据来说，不确定度是指测量值（近真值）附近的一个范围，测量值与真值之差（误差）可能落于其中。它是对误差的一种量化估计，是对测量结果可信赖程度的具体评定。不确定度小，测量结果可信赖程度高；不确定度大，测量结果可信赖程度低。因此，用不确定度的概念对测量数据做出评定比用误差来描述更合理。

（二）测量结果的表示和不确定度

1. 测量结果的不确定度

在做物理实验时，要求表示出测量的最终结果，即

$$x = \bar{x} \pm \sigma（单位）$$

式中 x 为待测量；$\bar{x}$ 是测量的近似真实值，σ 是总的不确定度，三者的数量级、单位要相同。简单起见，不确定度一般保留一位有效数字，多余的位数一律进位。$\bar{x}$ 的末尾数与不确定度的所在位数对齐。

这种表达形式反映了三个基本要素，即测量值、不确定度和单位，缺一不可，否则就不能全面表达测量结果。

2. 相对不确定度

相对不确定度定义为

$$E = \frac{\sigma}{\bar{x}} \times 100\%$$

有时还需要将测量结果与公认值或理论值进行比较（百分偏差）：

$$E_0 = \frac{|\bar{x} - x_{理}|}{x_{理}} \times 100\%$$

$x_{理}$可以是公认值或高一级精密仪器的测量值。

3. 测量结果

在物理实验中，直接测量时若不需要对测量值进行系统误差的修正，一般就取多次测量的算术平均值$\bar{x}$作为近似真实值。

若在实验中只需测一次或只能测一次，该次测量值就被认为是测量的近似真实值。

如果要求对测量值进行一定系统误差的修正，通常是将一定系统误差（即绝对值和符号都确定的可估计出的不确定度分量）从算术平均值$\bar{x}$或一次测量值中减去，从而求得被修正后的直接测量结果的近似真实值。例如，用螺旋测微器来测量长度时，从被测量结果中减去螺旋测微器的零点读数。

4. 测量结果的表示

表示测量的最终结果时，一般要求绝对和相对的不确定度同时表示出，即

$$\begin{cases} x = \bar{x} \pm \sigma \quad （单位） \\[2ex] E = \dfrac{\sigma}{\bar{x}} \times 100\% \quad 或 \quad E_0 = \dfrac{|\bar{x} - x_{理}|}{x_{理}} \times 100\% \end{cases}$$

（三）不确定度的两类分量

在不确定度的合成问题中，主要是从系统误差和随机误差等方面进行综合考虑的，将各种来源的误差按计算方法分为两类：统计不确定度（A类）和非统计不确定度（B类）。总的不确定度σ是由两类分量（A类和B类）求"方和根"计算而得。为使问题简化，此处只讨论简单情况下（A类、B类分量保持各自独立变化，互不相关）的不确定度的合成。

A类不确定度（统计不确定度）是指可以采用统计方法（具有随机误差性质）计算的不确定度，即前面所说的偶然误差。

B 类不确定度（非统计不确定度）是指用非统计方法求出或评定的不确定度，为系统误差。

合成不确定度是指 A 类不确定度和 B 类不确定度的合成：

$$\sigma = \sqrt{\Delta_A^2 + \sigma_B^2}$$

四、有效数字及其运算法则

（一）有效数字的定义

物理实验离不开物理量的测量，直接测量需要记录数据，间接测量既要记录数据，又要进行数据的运算。记录时取几位数字，运算后保留几位数字，这是实验中面临的一个十分重要的问题，为了正确地反映测量结果的准确度，需引入有效数字的概念。我们把正确和有效地表示测量结果（大小与不确定度）的数字称为有效数字。

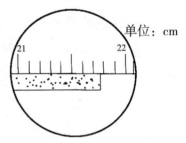

图 3　测量图示

例如，我们用最小分度为 1 mm 的米尺去测量一物体的长度，始端和米尺零线对齐，终端落在 21.7 cm 和 21.8 cm 之间（如图 3 所示），可最终读数为 21.78 cm。显然前三位是按米尺的刻度直接读出的，是可靠的，准确的。最后一位是在最小分度之间估读的，是存有误差的，不确定的，或者说是可疑的。尽管可疑，可读出这一位比不读出这一位要准确些，所以这一位仍是有效的。这样，21.78 cm 即为正确表示测量结果的有效数字。

如果我们再在第四位后估读一位或几位数字，就没有什么实际意义了，因为第四位已是可疑数字，其后面的数字将更可疑，甚至是无效的。

由此可见，有效数字总是由若干位准确数和最后一位欠准数（可疑数）构成的，所以有效数字的位数就等于全部的准确数的位数加 1 位。

（二）有效数字的意义

有效数字当然能表示测量结果的大小，这一点与普通数字是一样的。那么，有效数字与普通的数字相比，究竟有什么不同呢？

我们知道，对普通的数学意义上的数字而言，1.55=1.550=1.5500。但是，对物理实验中的测量值而言，1.55≠1.550≠1.5500，因为即使认为它们有相同的数值大小，但它们的准确度不同，或者说，它们的测量误差不同。

可见，有效数字的意义在于，它除了具有普通数字所具有的表示测量值大小的功能外，还具有另一项重要的功能——反映测量结果的不确定度的情况，而这两点，对测量数据而言是缺一不可的。

下面我们就来分析一下怎样通过有效数字来反映不确定度的情况。

（1）有效数字与不确定度的关系。我们知道，有效数字的前若干位都是准确数，只有最后一位是欠准的，而误差就发生在这一位上。显然，欠准位在哪一位上，直接反映了测量值的不确定度的大小，两单位相同的数字欠准位愈靠前不确定度愈大；反之，不确定度愈小。因此，我们可以这样来表述有效数字与不确定度的关系：有效数字中欠准位所在位置反映了不确定度的大小。例如，12.8 cm 与 12.84 mm 相比，前者的不确定度比后者大。

（2）有效数字与相对不确定度的关系。我们知道，对一个测量值的准确性进行评价时，除了要看其不确定度外，更要看其相对不确定度的情况。显然，一个测量值的有效数字位数愈多，最后一位上的不确定量对整个测量值的影响就愈小，这个数所反映的相对不确定度就愈小。因此，我们可以这样来表述有效数字与相对不确定度的关系：有效数字的位数反映了相对不确定度的大小。例如，2.3 mm 与 22.3 mm 相比，两者的不确定度处于同一量级，但相对不确定度前者比后者大一个量级。再如，1.28 mm 和 112.8 mm 相比，前者的不确定度小于后者，而相对不确定度大于后者。

（三）有效数字的运算

间接测量的结果总是通过一定的运算得到的，那么运算过程中及运算后结果的有效数字如何取舍呢？这就是有效数字的运算问题。

进行有效数字运算的总的原则有两条：由不确定度决定有效数字（其位数及欠准位位置）；最后运算结果的有效数字中也只有一位欠准数。

有些情况下，我们不知道各直接测量量的不确定度的大小，而无法进行不确定度的合成计算；还有些情况下，我们希望不作不确定度的计算，直接进行有效数字的简化运算。为此，我们先来讨论一些简单的有效数字运算规则。

（1）加减运算。总结上面关于加减运算的不确定度计算法则可知，几个量相加减后，所得结果的不确定度总是大于参与运算的各个量中任一个量的不确定度。而我们知道，不确定度直接决定了有效数字的最后一位——欠准位的位置，由此不难理解有效数字的加减运算的近似运算法则为：

几个数相加减，最后结果的欠准位与各数中最靠前的那一欠准位对齐。

例如：

$24.\underline{8}+3.9\underline{6} \approx 28.\underline{8}$ $537-61.\underline{28} \approx 47\underline{6}$

在运算过程中，多余的数字按尾数舍入法处理，通常的做法是：小于 5 则舍，大于 5 则入，刚好等于 5 则把尾数凑成偶数（4 舍 6 入逢 5 凑偶），这样可使舍和入的机会均等。

例如，将以下各数约简到小数点后第一位：

$37.84 \approx 37.8$ $16.78 \approx 16.8$ $10.75 \approx 10.8$

$2.25 \approx 2.2$ $2.251 \approx 2.3$

（2）乘除运算。由乘除运算的不确定度计算法则可知，几个量相乘除后，积或商的相对不确定度总是大于参与运算的任一量的相对不确定度，而相对不确定度直接决定了有效数字的位数，由此我们不难理解乘除运算的有效数字近似运算法则为：

几个数相乘除后，最后结果的有效数字的位数以各数中位数最少的一个为准。

例如：

$1.72 \times 4.\underline{1} \approx 7.\underline{1}$ $5.39 \div 2\underline{3} \approx 0.2\underline{3}$

对既有加减、又有乘除运算的混合运算，则可逐步按上述有效数字运算规则处理，以确定最后的有效数字。

例如：

$$\frac{970.6-215.4}{11.7-7.24}+128 \approx \frac{755.2}{4.5}+128 \approx 1.7 \times 10^2 +128 \approx 3.0 \times 10^2$$

（3）其他运算。

乘方、开方运算。不难理解，乘方、开方运算后的有效数字位数应与其底的有效数字位数相同。

例如：

$$25.36^2 \approx 643.1 \quad \sqrt{36.87} \approx 6.072$$

对数运算。可以证明：对数运算后，其小数部分的位数可取得与真数的位数相同。

例如：

$$\ln 2.67 \approx 0.982 \quad \ln 267 \approx 5.567$$

$$\lg 2.67 \approx 0.427 \quad \lg 267 \approx 2.427$$

对其他函数运算（如三角函数运算）原则上都遵循由不确定度决定有效数字的原则，即通过不确定度的传递运算，由 x 的不确定度确定 $f(x)$ 的不确定度，最后确定 $f(x)$ 的有效数字位数。

（四）关于有效数字的几点说明

（1）在数字中间或数字后面的"0"都是有效数字，不能任意取舍。例如，1.005 cm，15.0 mm 与 15.00 mm 中的"0"都是有效数字，特别是要注意 15.0 mm 与 15.00 mm 是两个不同的有效数字，因为它们的测量精度不同，前者可能是用米尺测定的，后者可能是用游标卡尺测定的。总之一个有效数字究竟取几位，是一件很严肃的事，所以其后"0"绝不是可有可无，可多可少的。

（2）用以表示小数点位置的"0"不是有效数字，因为有效数字的位数与小数点的位置无关，也与十进制单位的变换无关。例如，$L=1.28$ cm$=12.8$ mm$=0.0128$ m 均为三位有效数字。

如果要以"km"为单位应表示为 $L=0.0000128$ km，但这样书写很不方便，通常改写成 $L=1.28 \times 10^{-5}$ km。同样，若以"μm"为单位则可写成 $L=1.28 \times 10^4$ μm，但绝不可写 $L=12800$ μm。

由此可见，当数字较大或较小时，用 10 的幂指数来表示既方便又科学，且不易出错，这种方法称为"科学记数法"。例如，地球质量可表示为

$m=5.96 \times 10^{24}$ kg。电子的电荷 $e=-1.6022 \times 10^{-19}$ C。其中，有效数字部分是 10 的幂指数的系数部分。一般规定小数点在第一位后面，而整个数的量级由 10 的幂次体现。

（3）有效数字是对存在测量误差的测量值而言的，对参与运算的常数如 $\frac{1}{4}$，$\sqrt{2}$，π 等，其有效数字位数均可认为是无穷的，需要取几位就可取几位，一般情况下，像 $\sqrt{2}$，π 这样的无理数在运算中可适当多取一位。

（4）不要因为计算过程处理不当而损失有效数字位数，所以在中间运算过程中，为避免由于舍入过多而造成的不确定度进位，一般可先多保留一位，而在最后结果中仍只保留一位欠准数。

例如：

$$4.82\pi + \frac{0.36754 \times 34.012}{14.910} \approx 4.82 \times 3.142 + \frac{12.5007}{14.910} \approx 15.14 + 0.84 \approx 16.0$$

（五）测量结果的有效数字表述

实验中的每一个测量值都要用有效数字表示，当然，最终的测量结果也应该用有效数字表示。那么，怎样正确地写出测量结果的有效数字表达式呢？或者说，怎样正确地确定测量值 X 及不确定度 Δ_x 的有效数字位数呢？

首先，由于不确定度是对误差的估计值。因此，一般只能取一位到两位，多取了是无意义的。为统一和简单起见，我们规定不确定度只取一位有效数字。

其次，根据有效数字的基本概念，测量值的有效数字应该由若干位准确数与最后一位欠准数组成，而误差就发生在最后的欠准位上。因此，确定测量值 X 的有效数字位数的原则是"使 X 的最后一位与 Δ_x 的所在位对齐"。

例如，$L=1.01$ cm ± 0.02 cm 是正确的表达式，而 $I=360$ mA ± 0.5 mA 和 $V=78.32$ V ± 0.5 V 都不正确。

如果在实验中要同时表示出相对不确定度，则一般情况下，我们规定相对不确定度也只取一位有效数字，只有在它的首位是 1 或 2 时才可考虑多取一位。

如前所述，由不确定度决定有效数字是处理一切有效数字问题的基本原则，如果已知各直接测量量的完整表达式（测量值与不确定度），则应在计算出间接测量的不确定度以后再确定间接测量值的有效数字位数,并最终写出间接测量的结果表达式。

五、数据处理方法

物理实验中测量得到的许多数据需要处理后才能表示测量的最终结果。数据处理是指从获得数据起到得出结果为止的加工过程。数据处理包括记录、整理、计算、分析、拟合等多种处理方法,常用的方法有列表法、作图法、图解法等。

(一)列表法

列表法是记录数据的基本方法,也是记录的最好方法。记录表格设计要求:

(1)列表要简单明了,利于记录、处理数据和检查结果,便于一目了然地看出有关量之间的关系。

(2)表中各栏中的物理量都要用符号标明,并写出数据所代表物理量的单位及量值的数量级。单位写在符号标题栏,**不要重复记在各个数值上**。

(3)记录的数据,应正确反映测量结果的有效数字。一般记录表格还有序号和名称。

例如:要求测量圆柱体的体积,柱体高 H 和直径 D 的记录表,见表1。

表 1 柱体高 H 和直径 D 记录表

测量次数 i	1	2	3	4	5	平均
H_i / mm						
D_i / mm						

(二)作图法

实验的观测对象有时是互相关联的两个(或两个以上)物理量之间的变化关系,如研究弹簧伸长量与所加砝码质量之间的关系;研究非线性电阻电压与电流的关系;研究温度与温差电偶输出电压的关系,等等。在这一类实验中,通常是控制其中一个物理量(如砝码质量),使其依次取不同的值,从而观测另一个物理量所取的对应值,得到一列 X_1, X_2, $\cdots$, X_n 和另一列对应

的 Y_1，Y_2，$\cdots$，Y_n 值。对于这两列数据，可以将其记录在适当的表格里，以直观地显示它们之间的关系，这种实验数据处理方法叫作列表法；也可以把实验数据绘制成图，更形象直观地显示出物理量之间的关系，这种实验数据处理方法叫作作图法。

在物理实验课程中，作图必须用坐标纸。常用的坐标纸有直角坐标纸、单对数坐标纸、双对数坐标纸、极坐标纸等。单对数坐标纸的一个坐标轴是分度均匀的普通坐标轴，另一个坐标轴是分度不均匀的对数坐标轴。物理实验中使用作图法处理实验数据时一般有两个目的：

（1）为了形象直观地反映物理量之间的关系。

（2）要由实验曲线求其他物理量，如求直线的斜率、截距等。下面给出作图的一般规则。

选择合适的坐标分度值。如果是为了形象直观地反映物理量之间的关系，作图时，一般能够定性地反映出物理量的变化规律就可以了，坐标分度值的选取可以有较大的随意性。如果要由实验曲线求其他物理量，如求直线的斜率、截距等，对于这类曲线的图，坐标分度值的选取应以图能基本反映测量值或所求物理量的不确定度为原则。一般用 1 mm 或 2 mm 表示与变量不确定度相近的量值，如水银温度计的 $Ut \approx 0.5$ ℃，则温度轴的坐标分度可取为 0.5 ℃/mm。坐标轴比例的选择应便于读数，不宜选成 1∶1.5 或 1∶3。坐标范围应包括全部测量值，并略有富余。最小坐标值应根据实验数据来选取，不必从零开始，以使作出的图线大体上能充满全图，布局美观、合理。

标明坐标轴。以自变量（实验中可以准确控制的量，如温度、时间等）为横坐标，以因变量为纵坐标。用粗实线在坐标纸

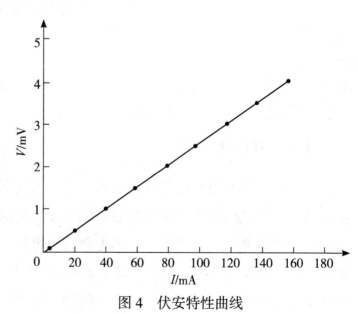

图 4　伏安特性曲线

上描出坐标轴，在轴上注明物理量名称、符号、单位，并按顺序标出轴上整分度的值，其书写的位数可以比量值的有效位数少一位或两位。

标实验点。实验点应用"＋""⊙"等符号明显标出。

连成图线。由于每一个实验点的误差情况不一定相同，因而不应强求曲线通过每一个实验点而连成折线（仪表的校正曲线除外），应该按实验点的总趋势连成光滑的曲线，做到图线两侧的实验点与图线的距离最为接近且分布大体均匀。曲线正穿过实验点时，可以在实验点处断开。

写明图线特征。利用图上的空白位置注明实验条件和从图线上得出的某些参数，如截距、斜率、极大值、极小值、拐点和渐近线等。有时需要通过计算求某一特征量，图上还须标出被选计算点的坐标及计算结果。

写图名。在图纸下方或空白位置写出图线的名称以及某些必要的说明，要使图线尽可能全面地反映实验的情况。将图纸与实验报告订在一起。伏安特性曲线，如图 4 所示。

（三）图解法

在物理实验中，实验图线作出以后，可以由图线求出经验公式。图解法就是根据实验数据作好的图线，用解析法找出相应的函数关系。实验中经常遇到的图线是直线、抛物线、双曲线、指数曲线、对数曲线。特别是当图线是直线时，采用此方法更为方便。某金属丝电阻—温度曲线，如图 5 所示。

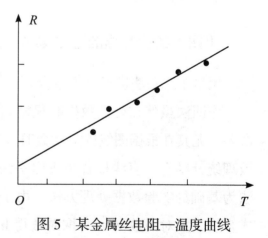

图 5 某金属丝电阻—温度曲线

（1）由实验图线建立经验公式的一般步骤：①根据解析几何知识判断图线的类型；②由图线的类型判断公式的可能特点；③利用半对数、对数或倒数坐标纸，把原曲线改为直线；④确定常数，建立起经验公式的形式，用实验数据来检验所得公式的准确程度。

（2）用直线图解法求直线的方程：

如果作出的实验图线是一条直线，则经验公式应为直线方程

$$y = kx + b$$

要建立此方程，由实验直接求出 k（斜率）和 b（截距），一般有两种方法，即斜率截距法和端值求解法。

斜率截距法：在图线上选取两点 $P_1(x_1, y_1)$ 和 $P_2(x_2, y_2)$，其坐标值最好是整数值或横坐标取整数值。用特定的符号表示所取的点，与实验点相区别。一般不要取原实验点。所取的两点在实验范围内应尽量彼此分开一些，以减小不确定度。根据两点的坐标求出斜率 k 为

$$k = \frac{y_2 - y_1}{x_2 - x_1}$$

其截距 b 为 $x=0$ 时的 y 值；若原实验中所绘制的图形并未给出 $x=0$ 段直线，可将直线用虚线延长交 y 轴，则可量出截距。如果起点不为零，也可以由式

$$b = \frac{x_2 y_1 - x_1 y_2}{x_2 - x_1}$$

求出截距，求出斜率和截距的数值代入方程中就可以得到经验公式。

（四）实验数据的直线拟合

用最小二乘法进行直线拟合。

作图法虽然在处理数据时很便利，但是在图线的绘制上往往会引入附加误差，尤其在根据图线确定常数时，这种误差会很明显。为了克服这一缺点，数理统计结合了直线拟合（或称一元线性回归）的方法，即一种以最小二乘法为基础的实验数据处理方法。由于某些曲线的函数可以通过数学变换改写成直线，如对函数 $y=ae^{-bx}$ 取对数得 $\ln y=\ln a-bx$，$\ln y$ 与 x 的函数关系就变成直线型了。因此，这一方法也适用于这类曲线型的情况。

设在某一实验中，可控制的物理量取 x_1，x_2，$\cdots$，x_n 值时，对应的物理量依次取 y_1，y_2，$\cdots$，y_n 值。假定对 x_i 值的观察误差很小，可以忽略，而主要误差都出现在 y_i 的观测上。直线拟合实际上就是用数学分析的方法从这些观测到的实验数据中求出一个误差最小的最佳经验式 $y=a+bx$。按这一最佳经验式作出的图线虽不一定能够通过每一个实验点，但却是以最接近这些实验点

的方式平滑地穿过实验点的。对应于每一个 x_i 值，观测值 y_i 与最佳经验公式的 y 值之间存在的偏差 Δy_i 被称为观测值 y_i 的残差，即

$$\Delta y_i = y_i - y = y_i - \left(a + bx_i\right) \ \left(i=1, 2, \cdots, n\right)$$

最小二乘法的原理：若各观测值 y_i 的误差互相独立且服从统一正态分布，当 y_i 的残差的平方和为最小时，即得到最佳经验公式。根据这一原理可求出常数 a 和 b。

设以 S 表示 Δy_i 的平方和，它应满足

$$S = \sum\left(\Delta y_i\right)^2 = \sum\left[y_i - \left(a + bx_i\right)\right]^2 = S_{\min}$$

$$\frac{\partial S}{\partial a} = -2\sum\left(y_i - a - bx_i\right) = 0 \ , \quad \frac{\partial S}{\partial b} = -2\sum\left(y_i - a - bx_i\right)x_i = 0$$

即

$$\sum y_i - na - b\sum x_i = 0 \ , \quad \sum x_i y_i - a\sum x_i - b\sum x_i^2 = 0$$

其解为

$$a = \frac{\sum x_i y_i - \sum y_i \sum x_i^2}{\left(\sum x_i\right)^2 - n\sum x_i^2} \qquad b = \frac{\sum x_i \sum y_i - n\sum x_i y_i}{\left(\sum x_i\right)^2 - n\sum x_i^2}$$

将 a 和 b 代入直线方程，即得到最佳的经验公式 $y=a+bx$。

（五）逐差法

逐差法是物理实验中常用的数据处理方法之一。逐差法就是把实验测量数据逐项相减，或分成高、低两组对应项相减。例如，测得八组数据 x_1, x_2, x_3, x_4, x_5, x_6, x_7, x_8，用逐差法可以得到 $\Delta x = \dfrac{1}{4\times 4}[(x_8 - x_4) + (x_7 - x_3) + (x_6 - x_2) + (x_5 - x_1)]$，这样处理得以充分利用数据，保持了多次测量的优点。

实验一　长度的综合测量

长度是一个基本物理量，许多其他的物理量也常常化为长度量进行测量；如用温度计测量温度就是确定水银柱面在温度标尺上的位置；测量电流或电压就是确定指针在电流表或电压表标尺上的位置等。因此，长度测量是一切测量的基础。物理实验中常用的测量长度的仪器有：米尺、游标卡尺、螺旋测微器（千分尺）、读数显微镜等。通常用量程和分度值表征这些仪器的规格。量程表示仪器的测量范围；分度值表示仪器所能准确读到的最小数值。分度值的大小反映了仪器的精密程度。一般来说，分度值越小，仪器越精密。

一、实验目的

（1）掌握游标卡尺、螺旋测微器、读数显微镜的测量原理和使用方法。
（2）学习正确读取和记录测量数据。
（3）掌握数据处理中有效数字的运算法则及表示测量结果的方法。

二、实验仪器

游标卡尺，螺旋测微器，读数显微镜，细金属丝，垫片。

三、实验原理

（一）游标卡尺

用普通的米尺或直尺测量长度，只能准确地读到毫米位。毫米以下的1位要凭视力估计，实验中要使读数准确到 0.1 mm 或更小时，一般采用游标卡尺和螺旋测微器。

1. 游标卡尺的结构

游标卡尺又叫游标尺或卡尺。为了使米尺测量得更准确一些，在米尺上附加了一段能够滑动的有刻度的小尺，这个小尺叫作游标。利用它可将米尺估读的那位数值准确地读出来。因此，它是一种常用的比米尺精密的测长仪器。利用游标卡尺可以测量物体的长度、孔深及内外直径等。

游标卡尺的外形如图 1.1 所示。它主要由两部分构成：与量爪 AA' 相连的主尺 D；与量爪 BB' 及深度尺 C 相连的游标尺 E。游标尺 E 可紧贴着主尺 D 滑动。量爪 A、B 用来测量厚度和外径，量爪 A'、B' 用来测量内径，深度尺 C 用来测量槽的深度，他们的数值都是由游标的 0 线与主尺的 0 线之间的距离表示出来的。

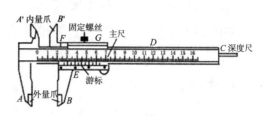

图 1.1　游标卡尺

2. 游标卡尺的测量原理

游标卡尺在构造上的主要特点：游标刻度尺上 m 个分格的总长度和主刻度尺上的 (m–1) 个分格的总长度相等。设主刻度尺上每个等分格的长度为 y，游标刻度尺上每个等分格的长度为 x，则有

$$mx = (m-1)y \qquad (1.1)$$

主刻度尺与游标刻度尺每个分格的差值是

$$\delta x = y - x = \frac{1}{m}y = \frac{\text{主尺上最小分度值}}{\text{游标上分度格数}} \qquad (1.2)$$

式中，δx 为游标卡尺所能准确读到的最小数值，即分度值（或称游标精度）。若把游标刻度尺等分为 10 个分格（m=10），这种游标卡尺叫作十分度游标卡尺。它的 δx=1/10 mm=0.1 mm。这是由主刻度尺的刻度值与游标刻度值之差给出的，因而 δx 不是估读的，它是游标卡尺所能准确读到的最小数值，即游标卡尺的分度值。若 m=20，则游标卡尺的最小分度值为 1/20 mm=0.05 mm，称为 20 分度游标卡尺；还有常用的 50 分度的游标卡尺，其分度值为 1/50 mm=0.02 mm。

3. 游标卡尺的读数

游标卡尺的读数是主刻度尺的 0 线与游标刻度尺的 0 线之间的距离。读数可分为两部分：首先，从主刻度尺上与游标刻度上 0 线对齐的位置读出整数部分 L_1（整毫米位）；其次，根据游标刻度尺上与主刻度尺对齐的刻度线读出不足毫米分格的小数部分 L_2，则两者相加就是测量值，即 $L=L_1+L_2$。下面介绍实验室常用的 10 分度的游标卡尺的读数方法。

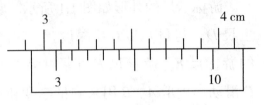

图 1.2　游标卡尺读数示图（一）

如图 1.2 所示，第一步从主刻度尺上可读出的准确数是 30 mm，即 $L_1=30$，第二步找到游标上的第 7 根刻线（不含 0 刻线）与主刻度尺上的某一刻度线对齐，则位数为 $L_2=7\times 0.1$ mm=0.7 mm，所以图 1.2 所示的游标卡尺的读数为 $L=L_1+L_2=30.70$ mm。

同理，如图 1.3 所示，50 分度游标卡尺的读数方法：第一步从主刻度尺上可读出的准确数是 3 mm，即 $L_1=3$，第二步找到游标上的第 22 根刻线（不含 0 刻线）与主刻度尺上的某一刻度线对齐，则该位数为 $L_2=22\times 0.02$ mm=0.44 mm，所以图 1.3 所示的游标卡尺的读数为 $L=L_1+L_2=3.44$ mm。

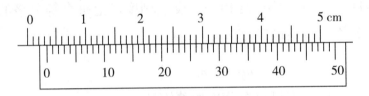

图 1.3　游标卡尺读数示图（二）

4. 游标卡尺的使用与注意事项

游标卡尺使用前，应该先将游标卡尺的卡口合拢，检查游标尺的 0 线和主刻度尺的 0 线是否对齐，若没对齐说明卡口有零误差，应记下零点读数，用以修正测量值。使用游标卡尺时，在推动游标刻度尺的过程中，不要用力过猛，卡住被测物体时松紧应适当，更不能卡住物体后再移动物体，以防卡口受损；使用完毕，卡尺的两卡口要留有间隙，然后将其放入包装盒内，不能随便放在桌上，更不能放在潮湿的地方。

（二）螺旋测微器（千分尺）

螺旋测微器是比游标卡尺更为精密的测量长度的仪器，其量程比游标卡尺小，一般为 25 mm，分度值也比游标卡尺小，通常为 0.01 mm。螺旋测微器常用来测量准确度要求较高的物体的长度。

1. 螺旋测微器的结构及机械放大原理

实验室常用的螺旋测微器的结构如图 1.4 所示，螺旋测微器的尺架呈弓形，一端装有测砧 2，测砧很硬，以保持基面不受磨损；另一端是测微螺杆 3（露出的部分无螺纹，螺纹在固定套管内），和微分筒 6、棘轮 7（测力装置）相连。当微分筒相对于固定套管转过一周时，测微螺杆前进或后退一

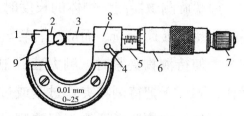

1—尺架 2—测砧 3—测微螺杆
4—锁紧装置 5—固定套管 6—微分筒
7—棘轮 8—螺母套管 9—被测物
图 1.4 螺旋测微器

个螺距，测微螺杆端面和测砧之间的距离也改变一个螺距长。实验室常用的螺旋测微器的螺距为 0.5 mm，微分筒周界刻有 50 等分格，固定套管上刻有毫米刻度线。因此，当微分筒转过 1 分格时，测微螺杆沿轴线前进或后退 0.5/50=0.01 mm，即为螺旋测微器的分度值。在读数时可估计到最小分度的 1/10，即 0.001 mm，这就是螺旋测微器的机械放大原理，故螺旋测微器又称为千分尺。

2. 螺旋测微器的读数

读数可分两步：首先，观察固定标尺读数准线（微分筒前沿）所在的位置，可以从固定标尺上读出整数部分，每格 0.5 mm，即可读到半毫米；其次，以固定标尺的刻度线为读数准线，读出 0.5 mm 以下的数值，估计读数到最小分度的 1/10，然后两者相加。

如图 1.5a 所示，整数部分是 5.5 mm（因固定标尺的读数准线已经超过了 0.5 mm 刻度线，所以是 5.5 mm），副刻度尺上的圆周刻度是 15 的刻线正好与读数准线对齐，即 0.150 mm，所以其读数值为 5.5+0.150=5.650 mm。同理，图 5b 的读数为 5.150 mm。

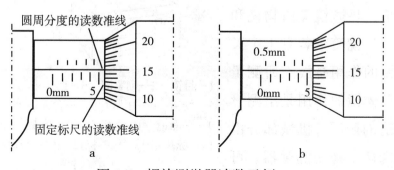

图 1.5 螺旋测微器读数示例

3. 螺旋测微器的使用与注意事项

用螺旋测微器测量物体的长度时，将待测物放在测砧和测微螺杆之间后，不得直接拧转微分筒，而应先轻轻转动棘轮，使测微螺杆前进，当它们以一定的力使待测物夹紧时，测力装置中的棘轮即发出"喀、喀"的响声。这样操作，不至于把待测物夹得过紧或过松，影响测量结果，也不会压坏测微螺杆的螺纹。螺旋测微器能否保持测量结果的准确性，关键在于保护好测微螺杆的螺纹。

在使用螺旋测微器测量物体长度前必须读取初读数，即转动棘轮，当测微螺杆和测砧刚好接触时，记录固定套管上的准线在微分筒上的示值，即为初读数。考虑初读数后，测量结果应是测量值＝读数值－初读数。在记录时还应该注意初读数的正、负值。

螺旋测微器使用完毕，应将测微螺杆退回几转，使测微螺杆与测砧之间留有空隙，以免在受热膨胀时两者过分压紧而损坏测微螺杆。

（三）读数显微镜

螺旋测微器虽能估读到千分之一毫米，但对于有些测量工作却很难或根本无法胜任，如测量刻线宽度、纤维粗细、光学系统的成像宽度等。读数显微镜却能很好地胜任这些物理量的测量工作。

1. 读数显微镜的结构

读数显微镜的结构如图1.6所示，从构造上可分为机械部分和光学部分。光学部分由显微镜及反光镜组成，显微镜又由物镜和目镜组成。目镜筒中装有十字叉丝。显微镜的作用是放大所测量的物体，反光镜的作用是给测量物提供合适的照明。机械部分由相互垂直的两个螺旋测微器、可

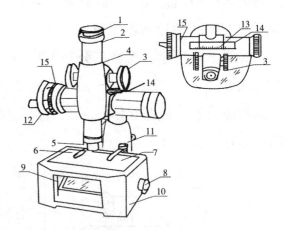

1—目镜　2—锁紧圈　3—调焦手轮　4—镜筒支架
5—物镜　6—压紧片　7—台面玻璃　8—手轮
9—平面镜　10—底座　11—支架　12—测微手轮
13—标尺指示　14—标尺　15—测微指示

图1.6　读数显微镜

旋转的载物台、调焦手轮、底座、支柱等组成。旋转两个螺旋测微器，可使载物台分别沿互相垂直的两个方向移动。

2. 读数显微镜的工作原理

读数显微镜的测微螺距为 1 mm（标尺分度），测微鼓轮的周边上刻有 100 等分格，每格为 0.01 mm。测微鼓轮旋转一周，显微镜筒水平移动 1 mm；测微鼓轮每旋转过一分格，显微镜筒将沿标尺移动 0.01 mm。0.01 mm 即为读数显微镜的最小分度值。水平移动的距离（毫米数）由水平标尺上读出，小于 1 mm 的数，由测微鼓轮读出，两者之和就是此时读数显微镜的位置坐标值。

3. 读数显微镜的测量与读数

调节目镜进行视场调整，使显微镜十字线最清晰。具体做法：旋转目镜使十字叉丝清晰；从目镜中观测，转动调焦手轮，使被测工件成像清晰；旋转目镜筒使十字叉丝与载物台移动方向一致（具体调节方法如图 1.7 所示）；可调整被测工件，使被测工件的一个横截面和显微镜移动方向平行。测量时，转动读数鼓轮或轻轻移动被测工件使十字叉丝中的一条线与被测工件一边相切，从标尺和鼓轮上读出位置坐标 x，然后转动读数鼓轮，使叉丝线与被测工件另一边相切，读出位置坐标 x'，被测工件长度 $L=|x-x'|$

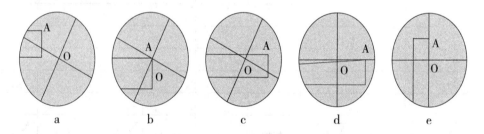

a—当从显微镜中看到清晰的物象后，在像上选取易于选取的一点 A 作为参考点

b—移动物体（或载物台），使 A 点和十字叉丝交点 O 重合

c—转动 x 轴读数鼓轮，A 点和 O 点将沿载物台 x 轴方向运动相向离开

d—转动目镜筒使十字叉丝中的一根通过 A 点，该叉丝即与载物台 x 轴方向一致

e—移动物体（或载物台），使被测工件一边与 y 轴重合

图 1.7　读数显微镜的十字叉丝线与被测工件一边相切

4. 读数显微镜的使用与注意事项

（1）在松开每个锁紧螺丝时，必须用手托住相应部分，以免其坠落和受冲击。

（2）注意回程误差。由于螺丝和螺母不可能完全密合，螺旋转动方向改

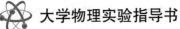
变时它的接触状态也改变，两次读数将不同，由此产生的误差叫回程误差。为防止此误差出现，测量时应向同一方向转动，使十字线和目标对准，若移动十字线超过了目标，就要多退回一些，重新再向同一方向转动。

四、实验步骤

（1）用游标卡尺测圆柱直径和高。

（2）用螺旋测微器测金属丝直径。

（3）用读数显微镜测圆孔内径。

五、数据记录数据处理

用平均误差法计算圆柱直径、高，金属丝直径，小孔内径，填写表 1-1。

表 1-1　数据记录表

测量次数	游标卡尺				螺旋测微器		读数显微镜	
	圆柱				金属丝直径 d_1	ε_{d1}	小孔直径 d_2	ε_{d2}
	直径 d	ε_d	高 h	ε_h				
1								
2								
3								
4								
5								
6								
平均值	$\bar{d}=$	$\sum \varepsilon_d^2=$	$\bar{h}=$	$\sum \varepsilon_h^2=$	$\bar{d_1}=$	$\sum \varepsilon_{d_1}^2=$	$\bar{d_2}=$	$\sum \varepsilon_{d_2}^2=$

思考题

（1）已知游标卡尺的测量准确度为 0.02 mm，其主尺的最小分度值为 0.5 mm，试问游标的分度值为多少？

（2）怎样保证用游标卡尺测圆筒外径，测量的确实是直径而不是弦，此时卡尺钳口方向与圆筒方向应为什么关系？

实验二 刚体转动惯量测量

转动惯量是刚体转动时惯性大小的量度，是表明刚体特性的一个物理量。刚体转动惯量除了与物体的质量有关，还与转轴的位置和质量分布（即形状、大小和密度分布）有关。如果刚体形状简单，且质量分布均匀，可以直接计算出它绕特定转轴的转动惯量。对于形状复杂，质量分布不均匀的刚体，计算将极为复杂，通常采用实验方法来测定，如对机械部件、电动机转子和枪炮的弹丸等的测定。

一、实验目的

（1）测定刚体的转动惯量。

（2）验证转动定律及平行轴定理。

二、实验仪器用具

JM-3 智能转动惯量实验仪 1 套，信号线，过线滑轮 1 套，砝码 1 套，圆盘 1 个，天平 1 台。

三、实验原理

转动惯量的测量，一般都是使刚体以一定形式运动，通过表征这种运动特征的物理量与转动惯量的关系，进行转换测量。刚体转动实验不仅可以测定一些刚体的转动惯量，还可以对转动定律、平行轴定理进行验证。此外，通过本次实验的完成，同学们对光电转换智能化毫秒计的工作原理也有了初步的了解。

刚体转动惯量实验仪，是一架绕竖直轴转动的圆盘支架，如图 2.1 所示。待测物体可以放置在支架上，支架下面有一个倒置的塔轮用于缠线。

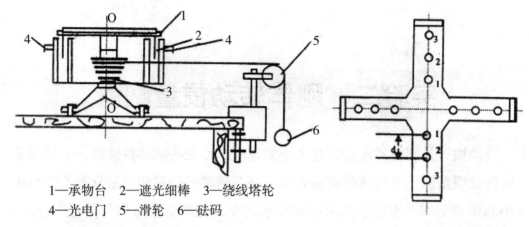

1—承物台　2—遮光细棒　3—绕线塔轮
4—光电门　5—滑轮　6—砝码

图 2.1　刚体转动惯量实验仪　　　　图 2.2　承物台俯视图

空实验台（仅有承物台，承物台俯视图，如图 2.2 所示）对于中垂轴 OO' 的转动惯量用 J_o 表示，加上试样（被测物体）后的总转动惯量用 J 表示，则试样的转动惯量 J_1：

$$J_1 = J - J_o \tag{2.1}$$

由刚体的转动定律可知：

$$T_r - M_r = J\alpha \tag{2.2}$$

其中 M_r 为摩擦力矩。

而

$$T = m(g - r\alpha) \tag{2.3}$$

其中 m —— 砝码质量；

　　g —— 重力加速度；

　　α —— 角加速度；

　　T —— 张力。

（一）测量承物台的转动惯量 J_o

未加试件，未加外力（$m=0$，$T=0$）；

令其转动后，在 M_r 的作用下，体系将作匀减速转动，$\alpha = \alpha_1$，有

$$-M_{r1} = J_o\alpha_1 \tag{2.4}$$

加外力后，令 $\alpha = \alpha_2$：

$$m(g - r\alpha_2)r - M_{r1} = J_o\alpha_2 \tag{2.5}$$

（2.4）式与（2.5）式联立得

$$J_o = \frac{mgr}{\alpha_2 - \alpha_1} - \frac{\alpha_2}{\alpha_2 - \alpha_1} mr^2 \qquad (2.6)$$

测出 α_1，α_2，由（2.6）式可得 J_o。

测量承物台放上试样后的总转动惯量 J。加试样后，有

$$-M_{r2} = J\alpha_3 \qquad (2.7)$$

$$m(g - r\alpha_4)r - M_{r2} = J\alpha_4 \qquad (2.8)$$

$$\therefore J = \frac{mgr}{\alpha_4 - \alpha_3} - \frac{\alpha_4}{\alpha_4 - \alpha_3} mr^2 \qquad (2.9)$$

注意：α_1，α_3 值实为负，因而（2.6）式和（2.9）式中的分母实为相加。

（二）测量的原理

设转动体系的初角速度为 ω_o，当 $t = 0$ 时 $\theta = 0$。

$$\because \theta = \omega_o t + \frac{1}{2}\alpha t_1^2 \qquad (2.10)$$

测得与 θ_1，θ_2 相应的时间 t_1，t_2，

$$由\ \theta_1 = \omega_o t_1 + \frac{1}{2}\alpha t_1^2 \qquad (2.11)$$

$$\theta_2 = \omega_o t_2 + \frac{1}{2}\alpha t_1^2 \qquad (2.12)$$

$$得\ \alpha = \frac{2(\theta_2 t_1 - \theta_1 t_2)}{t_2^2 t_1 - t_1^2 t_2} \qquad (2.13)$$

$\because t = 0$ 时，计时次数 $k=1$（$\theta = \pi$ 时，$k=2$），

$$\therefore \alpha = \frac{2\pi\left[(k_2-1)t_1 - (k_1-1)t_2\right]}{t_2^2 t_1 - t_1^2 t_2} \qquad (2.14)$$

k 的取值不局限于固定的 k_1，k_2 两个，一般取 $k = 1$，2，3，…，30，…

刚体的转动定理为：$M = J\alpha$，而 $M = mgr - L$（忽略过线滑轮的质量和摩擦），

$$\therefore \alpha = \frac{gr}{J}m - \frac{L}{J}$$

在实验中，如果保持 r，J，L 不变，则 α 与砝码质量 m 成线性关系。如果在实验中测得 α 与 m 成线性关系，则可证明转动定理的正确性。

三、实验内容及步骤

（一）测定圆盘（或圆环）的转动惯量

（1）调节转动惯量仪底角螺钉，使仪器处于水平状态。

（2）用电缆将光电门与通用电脑式毫秒计相连，只接通一路。若用输入Ⅰ插孔输入，该通段开关接通，若用输入Ⅱ插孔输入，则通段开关必须断开。

（3）开启通用电脑式毫秒计，使其进入计数状态。

（4）测量支架的转动惯量：将选定的砝码钩挂线的一端打结，沿塔轮上开的细缝塞入，再将线绕在中间的塔轮上（线的长度最好是当砝码落地时，另一端刚好脱开塔轮），调节滑轮位置使绕线与台面平行。让砝码由静止下落，转动惯量仪在转动过程中，电脑毫秒计会自动计下转过 π 弧度时的次数和时间，而且还能计算出角加速度的值。由于砝码落地之前，转动惯量仪受外力矩的作用，角加速度为正值（即 α_2），而砝码落地之后转动仪在摩擦力矩的作用下，角加速度为负值（即 α_1），由于从正角加速度转变到负角加速度，中间计算方法也有个转换过程，为此，电脑毫秒计中间隔有 5 次 PASS，以后再提出角加速度即为 α_1。

（5）计算空台的转动惯量 J_0。

（6）测量待测物的转动惯量：加上圆盘，测量系统的转动惯量 J_1；已知支架的转动惯量 J_0，从而可得出待测物的转动惯量 $J=J_1-J_0$。

（7）测量圆盘（或圆环）的转动惯量，填表 2-1。

表 2-1 测量圆盘（或圆环）的转动变量

转动惯量	测得量				
	α_1	α_2	$\overline{\alpha_1}$	$\overline{\alpha_2}$	测量值
J_0					
J_1					

（二）验证转动定理

我们以实验的方法验证转动定理，分别取 50 g，60 g，70 g，80 g，90 g 砝码，用于测量相应的角加速度 α，以 m 为横坐标，α 为纵坐标作曲线，测得数值填入表 2-2。

表 2-2 实验法验证转动定理

α	m				
	50 g	60 g	70 g	80 g	90 g
α					
$\overline{\alpha}$					

实验三　用拉伸法测钢丝杨氏模量

材料受力发生形变，在弹性限度内，材料的强度与应变（相对移动）之比为一常数，即弹性模量。条形物体（钢丝）沿纵向的弹性形变为杨氏模量，是反映材料形变与内部受力关系的物理量，是工程上常用的常数。杨氏模量的测量方法有拉伸法、梁的弯曲法、振动法等。本实验采用拉伸法（静态法）测钢丝杨氏模量。

一、实验目的

（1）学会测量杨氏模量的一种方法（静态法）。

（2）掌握用光杠杆法测量微小长度变化的原理（放大法）。

（3）学习用逐差法处理实验数据。

二、实验仪器用具

杨氏模量测定仪如图 3.1 所示，有金属丝，光杠杆，标尺，望远镜，螺旋测微器，游标卡尺，钢卷尺，钩码，槽码等。

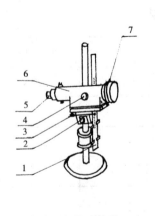
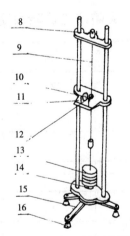

1—标尺　2—锁紧手轮
3—俯仰手轮　4—调焦手轮
5—目镜　6—内调焦望远镜
7—准星　8—钢丝上夹头
9—钢丝　10—光杠杆
11—工作平台　12—下夹头
13—砝码　14—砝码盘
15—三角座　16—调整螺丝

图 3.1　杨氏模量测定仪

三、实验原理

（一）杨氏模量测量原理

设一粗细均匀的钢丝，长度为 L、横截面积为 S，沿长度方向作用外力 F 后，钢丝伸长了 ΔL。比值 F/S 是钢丝单位横截面积上受到的作用力，称为应力；比值 $\Delta L/L$ 是钢丝的相对伸长量，称为应变。根据胡克定律，在弹性限度内，钢丝的应力与应变成正比，即

$$F/S = E\frac{\Delta L}{L} \quad \text{或} \quad E = \frac{F/S}{\Delta L/L} \tag{3.1}$$

弹性模量单位为 N/m²(牛顿/平方米)。实验证明，杨氏模量与外力 F、物体的长度 L 和截面积 S 的大小无关，只取决于被测物的材料特性，它是表征固体性质的一个物理量。设金属丝的直径为 d，则 $S = \frac{1}{4}\pi d^2$，杨氏模量可表示为：

$$Y = \frac{4FL}{\pi d^2 \Delta L} \tag{3.2}$$

上式表明：长度为 L、直径为 d，在外力相同的条件下，杨氏模量大的金属丝伸长量小，而杨氏模量小的伸长量大，因而杨氏模量表示材料抵抗外力产生的伸长或收缩变形的能力。由（3.2）式可知，测量杨氏模量时，伸长量 ΔL 较小时，ΔL 不容易测量，因而杨氏模量装置是围绕测量 ΔL 而设计的。

（二）用光杠杆测微小长度 ΔL

光杠杆是根据几何光学原理设计而成的一种灵敏度较高的，测量微小长度或角度变化的仪器。光杠杆结构如图 3.2 所示，将一个可转动的平面镜 M 固定在一个 ⊥ 形架上。

微小长度 ΔL 测量，需要光杠杆与望远镜标尺组配合使用。从望远镜标尺 R 发出的物光经过远处光杠杆的镜面反射后到达望远镜后，可被观察者在望远镜中看到。开始时，

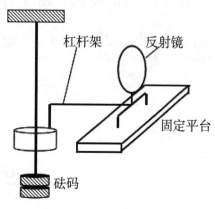

图 3.2　光杠杆结构图

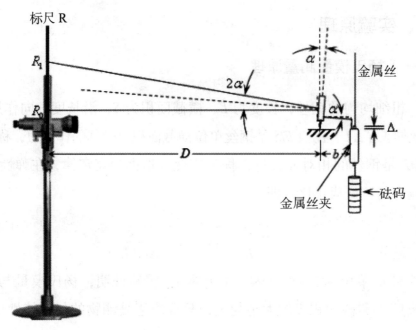

图 3.3　光杠杆的测量原理光

光杠杆的镜面处于垂直状态，从望远镜中看到的标尺 R 上的刻度读数为 R_0。实验中如果光杠杆的前足固定，而后足的支撑点（金属丝夹）由于受外力砝码作用向下改变了 ΔL 微小长度，则光杠杆就会改变一个角度 α，使镜面偏转 α 角度，而镜面上的反射光会相应地改变 2α 的角度，此时观察到的标尺 R 的刻度变化到了 R_1 的位置。根据 3.3 图中的几何关系可知

$$\tan\alpha = \frac{\Delta L}{b} \qquad \tan 2\alpha = \frac{R_1 - R_0}{D}$$

式中 b 为光杠杆后足尖到两前足尖连线的垂直距离，D 为光杠杆镜面与直尺之间的距离。由于角 α 很小，$\tan\alpha \approx \alpha$，$\tan 2\alpha \approx 2\alpha$，所以 $\alpha = \frac{\Delta L}{b}$，

$2\alpha = \frac{R_1 - R_0}{D} = \frac{\Delta R}{D}$，消去 α，得

$$\Delta L = \frac{b}{2D}\Delta R \tag{3.3}$$

所以

$$E = \frac{4FL}{\pi d^2 \Delta L} = \frac{8FLD}{\pi d^2 b \Delta R} = \frac{8mgLD}{\pi d^2 b \Delta R} \tag{3.4}$$

$F=mg$，m 为砝码质量。

其中，b 为光杠杆臂长，ΔL 为钢丝的实际伸长量，d 为金属丝直径，F 为外加力，L 为拉伸前金属丝长度。

（三）注意事项

（1）实验系统调好后，一旦开始正式测量，在实验过程中不能再对系统任一部分进行任何调整，否则所有数据将重新再测。

（2）加减砝码时要轻拿轻放，槽口要相互错开，避免砝码钩晃动，在系统稳定后读数。

（3）同一荷重（相同砝码数）下的两个读数要记在一起，增重与减重对应同一荷重下读数的平均值才是对应荷重下的最佳值，它消除了摩擦（圆柱体与圆孔之间的摩擦）与滞后（加减砝码时钢丝伸长与缩短滞后）等引起的系统误差。

（4）实验完成后，应将砝码取下，防止钢丝疲劳。

四、实验步骤

（一）调节仪器装置

杨氏模量测定仪的调整步骤如下：

（1）将待测钢丝固定好，调节杨氏模量仪的底脚螺丝，使两根支柱竖直，工作平台水平，并预加 1 块砝码使钢丝拉直。

（2）将光杠杆的两前脚放在工作平台的沟槽中，后脚放在下夹头的平面上，调整平面镜使镜面铅直。

（3）调节望远镜，使镜筒轴线水平，将其移近至工作平台；调节镜筒高度，使其和平面镜等高，调好后将望远镜固定在支架上；调整平面镜法线和望远镜轴线等高共轴。

（4）移动望远镜支架距平面镜约 1 m 处，调整标尺，使其竖直并与望远镜轴线垂直，且标尺 0 刻线与轴线等高。

（5）初步寻找标尺的像，从望远镜筒外观察平面镜中是否有标尺或镜筒的像，若没有，则左右移动望远镜、细心调节平面镜倾角，直到在平面镜中看到镜筒或标尺的像。

（6）调节望远镜，找到标尺的像。先调节目镜，看到清晰的十字叉丝，再调节调焦手轮，左右移动支架或转动方向，直到在望远镜中看到清晰的标尺刻线和十字叉丝。

（二）测量数据

（1）仪器调好后，从望远镜中记下此时十字叉丝横线对准的标尺刻度 R_0。

（2）按顺序逐个增加金属丝下端砝码（7个），即从 320 g 到 2240 g，并逐次记下相应的十字叉丝对准的标尺刻度 n_0，n_1，n_2，n_3，n_4，n_5，n_6，n_7，再按相反顺序减少砝码，记录相应的标尺刻度 n'_7，n'_6，n'_5，n'_4，n'_3，n'_2，n'_1，n'_0，用逐差法计算 $\bar{n}$ 值。方法见数据记录表内。

（3）用钢卷尺一次性测量 D 和 L（读到 0.1 cm）；

（4）用游标卡尺一次性测量光杠杆臂长 b；测量结束后将光杠杆拿下来，在一张纸上按下三足点，测量后足点到两前足点连线的垂直距离。

（5）用螺旋测微器测量钢丝直径6次，求 $\bar{d}$。

五、数据记录及处理

（一）数据记录

实验相关数据，填入表 3–1、表 3–2、表 3–3。

表 3–1 L，D，b 测量数据表   单位：cm

名称	L	D	b
数据			

表 3–2 钢丝直径 d 的测量数据表   单位：mm

次数 i	1	2	3	4	5	6	平均值
测量值 d'_i							
修正值 d_i							

表 3-3 Δn 的测量数据表 单位：mm

i	0	1	2	3	4	5	6	7
m_i / kg								
加砝码 n_i								
减砝码 n'_i								
平均值 $\bar{n}$								

（二）数据处理

1. Δn 的最佳值（用逐差法）

$$\Delta n_1 = \frac{1}{4}(\bar{n}_4 - \bar{n}_0); \quad \Delta n_2 = \frac{1}{4}(\bar{n}_5 - \bar{n}_1); \quad \Delta n_3 = \frac{1}{4}(\bar{n}_6 - \bar{n}_2); \quad \Delta s_4 = \frac{1}{4}(\bar{n}_7 - \bar{n}_3);$$

$$\overline{\Delta n} = \frac{1}{4}(\Delta n_1 + \Delta n_2 + \Delta n_3 + \Delta n_4)$$

2. E 的最佳值的计算和不确定度的计算

（1）E 的最佳值的计算：$E = \dfrac{4FL}{\pi d^2 \Delta L} = \dfrac{8mgLD}{\pi d^2 b \overline{\Delta n}}$

（2）E 的合成不确定度的计算：

$$\Delta E = \sqrt{(\frac{\Delta_F}{F})^2 + (2\frac{\Delta_d}{d})^2 + (\frac{\Delta_n}{\bar{n}})^2 + (\frac{\Delta_b}{b})^2 + (\frac{\Delta_L}{L})^2 + (\frac{\Delta_D}{D})^2}$$

（3）E 的相对不确定度的计算。

将实验值与 E 的公认值 $E_0 = 2.05 \times 10^{11} \, N/m^2$ 比较，计算其相对不确定度：

$$E(E) = \frac{\bar{E}}{E_0} \times 100\%$$

实验四　用衍射光栅测光波波长

光的衍射现象是光波动性质的一个重要表征。在近代光学技术中，如在光谱分析、晶体分析、光信息处理等领域里，光的衍射已成为一种重要的研究手段和方法。衍射光栅是利用光的衍射现象制成的一种重要的分光元件。

利用光栅分光制成的单色仪和光谱仪已被广泛应用，它不仅用于光谱学，还广泛用于计量、光通信、信息处理、光应变传感器等方面。因此，研究衍射现象及其规律，在理论和实践上都具有重要意义。

一、实验目的

（1）了解分光计的结构；掌握分光计的调节和使用方法。
（2）加深对光的衍射和光栅分光作用基本原理的理解。
（3）学会用透射光栅测定光波的波长。

二、实验仪器用具

分光计，平面光栅，半反半透镜，汞灯。

三、实验原理

光栅相当于一组数目众多的等宽、等距和平行排列的狭缝，被广泛用在单色仪、摄谱仪等光学仪器中。光栅分应用透射光工作的透射光栅和应用反射光工作的反射光栅两种，本实验用的是透射光栅。

如图 4.1 所示，自透镜 L_1 射出的平行光垂直地照射在光栅 G 上。透镜 L_2 将与光栅法线成 θ 角的衍射光会聚于第二焦平面上的 P_θ 点。由光栅方程得知，产生衍射亮条纹的条件为

$$d\sin\theta = k\lambda \quad (k = \pm1,\ \pm2,\ \cdots,\ \pm n) \tag{4.1}$$

式中 θ 角是衍射角，λ 是光波波长，k 是光谱级数，d 是光栅常数。因为

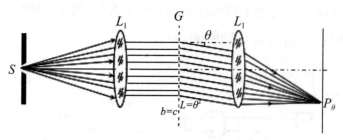

图 4.1　测光波长示意图

衍射亮条纹实际上是光源狭缝的衍射象，是一条锐细的亮线，所以又称为光谱线。

当 $k=0$ 时，任何波长的光均满足（4.1）式，即在 $\theta=0$ 的方向上，各种波长的光谱线重叠在一起，形成明亮的零级光谱。对于 k 的其他数值，不同波长的光谱线出现在不同的方向上（ θ 的值不同），而与 k 的正负值相对应的两组光谱，则对称地分布在零级光谱的两侧。若光栅常数 d 已知，在实验中测定了某谱线的衍射角 θ 和对应的光谱级 k，则可由（4.1）式求出该谱线的波长 λ；反之，如果波长 λ 是已知的，则可求出光栅常数 d。

四、仪器描述及使用

分光计是一种常用的光学仪器，实际上就是一种精密的测角仪。在几何光学实验中，主要用来测定棱镜角、衍射角等，而在物理光学实验中，加上分光元件（棱镜、光栅）即可作为分光仪器，用来观察光谱，测量光谱线的波长等。

（一）分光计的结构

分光计主要由底座、望远镜、平行光管、载物平台和刻度圆盘等几部分组成，每部分均有特定的调节螺钉，图 4.2 为 JJY 型分光计的结构示意图。

（1）分光计底座的中央固定着中心轴，刻度盘和游标内盘套在中心轴上，可以绕中心轴旋转。

（2）转动望远镜位置时，都要先松开止动螺丝；微调望远镜位置时要先拧紧止动螺丝。

（3）载物平台是一个放置棱镜、光栅等光学元件的圆形平台，套在游标内盘上，可以绕通过平台中心的铅直轴转动和升降。平台下有三个调节螺钉，可以改变平台台面与铅直轴的倾斜度。

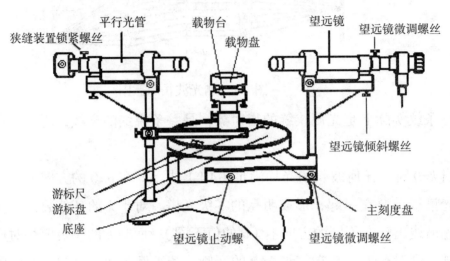

图 4.2 JJY 型分光计的结构示意图

（二）读数原理

望远镜和载物平台的相对方位可由刻度盘上的读数确定。主刻度盘上有 0°~360° 的圆刻度，分度值为 0.5°。为了提高角度测量精密度，在内盘上相隔 180° 处设有两个游标 φ 和 φ'，游标上有 30 个分格，它和主刻度盘上 29 个分格相当，因而分度值为 1'，读数方法参照游标卡尺原理，如图 4.3 所示读数为 233°13'。

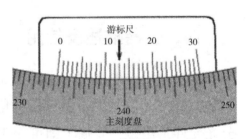

图 4.3 读数示意图（一）

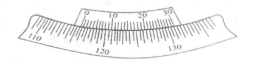

图 4.4 读数示意图（二）

若游标上的 0 线过了整数值的一半，即过了 0.5 的刻度线，所读出的数值要加 0.5°=30'。如图 4.4 所示读数为 115°36'。

记录测量数据时，为了消除刻度盘的刻度中心和仪器转动轴之间的偏差（称为偏心差），如图 4.5 所示，必须同时读取两个游标的读数。可证明，相隔 180° 读出 φ 和 φ'，取平均值

$$\theta = (\varphi + \varphi') / 2$$

即可消除偏心差。因此，每次读数左右游标都要读。

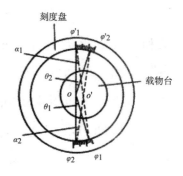

图 4.5　读数示意图（三）

五、实验内容

（一）分光计的调节

1. 粗调

旋转目镜，用于调节目镜与叉丝之间的距离，以便看清测量用的"十字叉丝"（如图 4.6 所示）。可通过调载物台下三个水平调节螺钉，使其与望远镜轴尽量保持水平（目测）。

在分光计调节中，粗调很重要，如果粗调不认真，可能给细调造成困难。

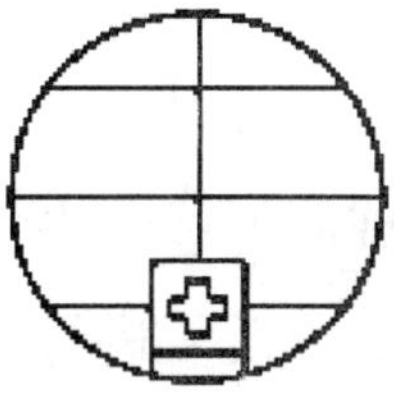

2. 细调

将分光计附件——平面反射镜置于载物台上（如图 4.7 所示，注意放置方位）。

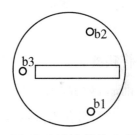

图 4.6　旋转目镜

（1）找"十字叉丝"的像。点亮"十字叉丝"照明用电灯；将望远镜垂直对准平面镜的一个反射面，从望远镜中找"十字叉丝"的反射像（如图 4.8a 中的 2 所示）。如果从望远镜中看不到"十字叉丝"的反射像，就慢慢左右转动载物平台去找（粗调认真，均不难找到反射像）；如果仍然找不到反射像，可重复粗调过程，或稍许调节望远镜光轴高低调节螺钉，再慢慢左右转动载物平台去找。

图 4.7　平面反射镜载物台的位置

（2）调"十字叉丝"清晰。看到"十字叉丝"反射像后，松开望远镜锁紧螺丝，前后微调目镜镜筒，使"十字叉丝"反射像清楚且无视差，再拧紧望远镜锁紧螺丝。注意，在测量过程中，不可再调目镜。

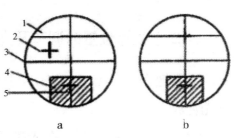

图 4.8　"十字叉丝"反射像示意图

（3）用渐近法调望远镜光轴与中心转轴垂直。由镜面反射的"十字叉丝"像和叉丝如果不重合（如图4.8a所示），调节望远镜倾斜螺丝，使"十字叉丝"像和叉丝间的偏离减少一半，再调节平台螺钉 b_1 或 b_2（如图4.7所示），使两者重合（如图4.8b所示）；转载物平台（注意不是转反射镜），使反射镜的另一镜面对准望远镜，左右慢慢转动平台，找到反射的"十字叉丝"像，如果"十字叉丝"像和叉丝不重合，再同上将望远镜和螺钉 b_1 或 b_2 各调一半，使之重合。

注意：时常发现从平面镜的第一面见到了绿色十字像，而在第二面却找不到，这可能是粗调不细致，经第一面调节后，望远镜光轴和平台面显著不水平，这时要重做粗调；如果望远镜轴及平台面无明显倾斜，这时往往是十字像在调节叉丝上方视场之外，可适当调节望远镜倾斜（使目镜一侧升高些或降低些）去找。

反复进行以上的调整，直至不论转到哪一反射面，"十字叉丝"像均能和叉丝重合，则望远镜光轴与中心转轴已垂直。此调节法称为渐近法或各半调节法。

（4）平行光管的调节。用光源照亮平行光管的狭缝；转动望远镜，对准平行光管。

将狭缝宽度适当调窄，松开狭缝装置锁紧螺丝，前后移动狭缝，使从望远镜能看到清晰的狭缝像，并且狭缝像和测量叉丝之间无视差，再拧紧狭缝装置锁紧螺丝。这时狭缝已位于平行光管物镜的焦平面上，即从平行光管出射平行光束；调平行光管倾斜，使狭缝的中心位于望远镜叉丝的交点上。

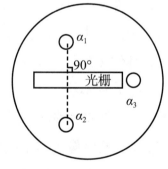

图4.9 光栅位置调节图

（二）光栅位置的调节及光谱观察

（1）把光栅按图4.9所示置于载物台上，旋转载物台，使光栅面垂直于平行光管。

（2）转动望远镜筒，在光栅法线两侧观察各级衍射光谱。中央为白亮线

（$k=0$ 的狭缝像），其两旁各有两级紫、蓝、绿、黄（黄有两条且非常靠近）的谱线。固定载物平台，在整个测量过程中载物平台及其上面的光栅位置不可再变动。

（三）测定衍射角

从光栅的法线（零级光谱亮条纹）起沿一方向（如向左）转动望远镜筒，使望远镜中叉丝依次与第一级衍射光谱中紫、蓝、绿、黄四条谱线重合，并记录与每一谱线对应的角坐标的读数（两个游标 φ_1 和 φ_1' 都要读。注意：此时读出的是角位置，不是衍射角）。再反向转动望远镜，越过法线，记录另一边四条谱线对应的角坐标的读数 φ_2 和 φ_2'。对应同一颜色谱线的左右两边的角坐标之差，即为该谱线衍射角 θ 的 2 倍。

六、数据处理

$$\theta = \frac{1}{4}\left(\left|\phi_1 - \phi_2\right| + \left|\phi_1' - \phi_2'\right|\right)$$

（1）求出各谱线的 θ 及平均值。

（2）若光栅常数为已知，将所测绿谱线的衍射角 θ 代入（4.1）式，其中 $k=1$，求出波长。

七、注意事项

（1）分光计是精密仪器，各 $k=1$ 分的调节螺钉比较多，在不清楚这些螺钉的作用和用法以前，请不要乱拧，以免损坏分光计。

（2）光栅片是精密光学元件，严禁用手触摸刻痕，以免损坏。

（3）在计算望远镜转角时，要注意望远镜转动过程中是否经过刻度盘零点，如经过零点，应在相应读数上加上 360°（或减去 360°）后再计算。

（4）汞灯为冷光源，关灯后要冷却方可再次点亮；另外，汞灯紫外线很强，不可直视。

（5）测量衍射角时，最好将望远镜固定，用微调旋更方便一些；从左至右（或从右至左）依次测量 +3 级，+2 级，+1 级，以及 −1 级，−2 级，−3 级的条

纹位置，分别记录左、右游标的读数。

思考题

（1）用光栅方程 $d\sin\theta=k\lambda$ 测量光的波长：①需要测量哪些物理量？②实验中分别用什么仪器测量？③需要保证哪些实验条件？④实验中如何判断实验条件是否准确？

（2）分光计主要由哪几部分组成？为什么要设置一对左右游标？调整分光计的基本步骤？调节分光计的基本要求是什么？

（3）为什么说望远镜的调整是分光计调整的基础和关键？用什么方法调整望远镜？如果想将相邻两条光谱线分得更开些，本实验应从哪些方面改进？

（4）用白光作上述实验，能观察到什么现象？怎么解释这种现象？

（5）什么叫视差？怎样判断有无视差的存在？本实验中哪几步调节要消除视差？

实验五　用牛顿环测透镜曲率半径

光学元件的球面曲率半径可以用许多方法和仪器来测定，用何种方法和仪器，主要取决于所测曲率半径的大小和精度。常见的方法有环形球径仪法、自准直法、刀口仪法和牛顿环法等。牛顿环是用分振幅法产生的一种典型的等厚干涉现象，充分显示了光的波动性。目前，等厚干涉已被广泛地应用于科学研究、工业生产和检测技术中，如测量光波波长，精确测量长度、厚度、角度以及它们的变化，检验加工工件表面的光洁度和平整度，研究机械零件中的内应力分布以及在半导体技术中测量硅片上氧化层厚度等。

一、实验目的

（1）在熟悉读数显微镜调整和使用的基础上，观察牛顿环现象及其特点，加深对等厚干涉现象的认识和理解。

（2）学习用牛顿环法测量球面曲率半径。

（3）学习用逐差法正确处理数据。

二、实验仪器用具

读数显微镜，钠光灯，牛顿环装置。

三、实验原理

牛顿环是一种用分振幅方法实现的等厚干涉现象，最早为牛顿所发现。为了研究薄膜的颜色，牛顿曾经仔细研究过凸透镜和平面玻璃组成的实验装置。他的最有价值的成果是发现通过测量同心圆的半径就可算出凸透镜和平面玻璃板之间对应位置空气层的厚度：对应于亮环的空气层厚度与1，3，5…成比例，对应于暗环的空气层厚度与0，2，4…成比例。但由于他主张光的微粒说（光的干涉是光的波动性的一种表现）而未能对它作出正确的解释。直到19世纪初，托马斯·杨才用光的干涉原理解释了牛顿环现象，并参考牛顿

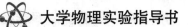

的测量结果计算了不同颜色的光波对应的波长和频率。

牛顿环装置是由一块曲率半径较大的平凸玻璃透镜，将其凸面放在一块光学玻璃平板（平晶）上构成的，如图 5.1 所示。平凸透镜的凸面与玻璃平板之间形成一层空气薄膜，其厚度从中心接触点到边缘逐渐增加。若以平行单色光垂直照射到牛顿环上，则经空气层上、下表面反射的二光束存在光程差，它们在平凸透镜的凸面相遇后，将发生干涉。干涉图样是以玻璃接触点为中心的一系列明暗相间的同心圆环（如图 5.2 所示），称为牛顿环。由于同一干涉环上各处的空气层厚度是相同的，因而称为等厚干涉。

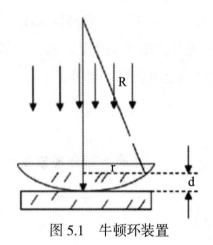
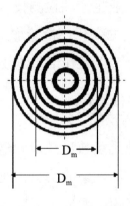

图 5.1　牛顿环装置　　　　图 5.2　干涉圆环

与 k 级条纹对应的两束相干光的光程差为

$$\Delta = 2d + \frac{\lambda}{2} \qquad (5.1)$$

d 为第 k 级条纹对应的空气膜的厚度；$\frac{\lambda}{2}$ 为半波损失。

由干涉条件可知，当 $\Delta = (2k+1)\frac{\lambda}{2}$（$k = 0, 1, 2, 3, \cdots$）时，干涉条纹为暗条纹，即

$$2d + \frac{\lambda}{2} = (2k+1)\frac{\lambda}{2}$$

得

$$d = \frac{k}{2}\lambda \qquad (5.2)$$

设透镜的曲率半径为 R，与接触点 O 相距为 r 处空气层的厚度为 d，由图 5.2 所示几何关系可得

$$R^2 = (R-d)^2 + r^2$$
$$= R^2 - 2Rd + d^2 + r^2$$

由于 R 远大于 d，则 d^2 可以略去，则

$$d = \frac{r^2}{2R} \tag{5.3}$$

可得第 k 级暗环的半径为

$$r_k^2 = 2Rd = 2R \cdot \frac{k}{2}\lambda = kR\lambda \tag{5.4}$$

由（5.4）式可知，如果单色光源的波长 λ 已知，只需测出第 k 级暗环的半径 r_m，即可算出平凸透镜的曲率半径 R；反之，如果 R 已知，测出 r_m 后，就可计算出入射单色光波的波长 λ。但是，由于平凸透镜的凸面和光学玻璃平面不可能是理想的点接触，接触压力会引起局部弹性形变，使接触处成为一个圆形平面，干涉环中心为一暗斑；或者空气间隙层中有了尘埃等因素的存在，使得在暗环公式中附加了一项光程差，假设附加厚度为 a（有灰尘时 $a > 0$，受压变形时 $a < 0$），则光程差为 $\Delta = 2(d+a) + \frac{\lambda}{2}$

由暗纹条件 $2(d+a) + \frac{\lambda}{2} = (2k+1)\frac{\lambda}{2}$

得 $d = \frac{k}{2}\lambda - a$

上式代入（5.4）式，得 $r^2 = 2Rd = 2R(\frac{k}{2}\lambda - a) = kR\lambda - 2Ra$

上式中的 a 不能直接测量，但可以取两个暗环半径的平方差来消除它，如去第 m 环和第 n 环，对应半径为 $r_m^2 = mR\lambda - 2Ra$

$$r_n^2 = nR\lambda - 2Ra$$

两式相减可得 $r_m^2 - r_n^2 = R(m-n)\lambda$

所以透镜的曲率半径为

$$R = \frac{r_m^2 - r_n^2}{(m-n)\lambda} \qquad (5.5)$$

又因为暗环的中心不易确定，故取暗环的直径计算，即 $R = \frac{D_m^2 - D_n^2}{4(m-n)\lambda}$。
由此可知，只要测 Dm 与 Dn（分别为第 m 条与第 n 条暗环的直径）的值，就能算出 R。

四、实验步骤

利用牛顿环测平凸透镜曲率半径：

（1）将牛顿环如图5.3放置在读数显微镜工作台毛玻璃中央，并使显微镜镜筒正对牛顿环装置中心，点燃钠光灯，使其正对读数显微镜物镜的45°反射镜。

（2）调节读数显微镜。

调节目镜：使分划板上的十字刻线清晰可见，并转动目镜，使十字刻线的横刻线与显微镜筒的移动方向平行。

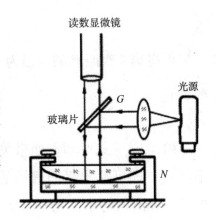

图 5.3　读数显微镜

调节45°反射镜：使显微镜视场中亮度最大，这时基本满足入射光垂直于待测透镜的要求。

转动手轮使显微镜筒平移至标尺中部，并调节调焦手轮，使物镜接近牛顿环装置表面。

对读数显微镜调焦：缓缓转动调焦手轮，使显微镜筒由下而上移动进行调焦，直至从目镜视场中清楚地看到牛顿环干涉条纹且无视差为止；然后再移动牛顿环装置，使目镜中十字刻线交点与牛顿环中心大致重合。

（3）观察条纹的分布特征。各级条纹的粗细是否一致，条纹间隔是否一样，并做出解释。观察牛顿环中心是亮斑还是暗斑，若为亮斑，如何解释？

（4）测量暗环的直径。转动读数显微镜读数鼓轮，同时在目镜中观察，使十字刻线由牛顿环中央缓慢向一侧移动至18环，然后退回第17环，自第17环开始单方向移动十字刻线，每移动一环记下相应的读数，直到第6环，然后穿过中心暗斑，从另一侧第6环开始依次记数到第17环。将所测数据记入表5-1。

表 5-1　实验数据记录表格

暗环级数 (m)	暗环位置		D_m	暗环级数 (n)	暗环位置		D_n	$D_m{}^2 - D_n{}^2$	R_i
	左	右			左	右			
17				11					
16				10					
15				9					
14				8					
13				7					
12				6					

注：钠光波长 λ=589.3 nm，环数差 m−n=6。

（5）计算出凸透镜的曲率半径的算术平均值$\bar{R}$和测量的不确定度$\sigma_{\bar{R}}$。

$$\bar{R} = \frac{\sum R_i}{6}$$

测量的不确定度

$$\sigma_{\bar{R}} = \sqrt{\frac{\sum (R_i - \bar{R})^2}{n(n-1)}}$$

最后，测量结果表达式为

$$R = \bar{R} \pm \sigma_{\bar{R}}$$

注意事项

（1）牛顿环仪、劈尖、透镜和显微镜的光学表面不清洁，要用专门的擦镜纸轻轻揩拭。

（2）读数显微镜的测微鼓轮在每一次测量过程中只能向一个方向旋转，中途不能反转。

（3）当用镜筒对待测物聚焦时，为防止损坏显微镜物镜，正确的调节方法是使镜筒移离待测物，即提升镜筒。

实验六　用模拟法描绘静电场

带电体的周围产生静电场，场的分布是由电荷分布、带电体的几何形状及周围介质所决定的。由于带电体的形状复杂，大多数情况求不出电场分布的解析解，因而只能靠数值解法求出或用实验方法测出电场分布。直接用电压表去测量静电场的电位分布往往是困难的，因为静电场中没有电流，磁电式电表不会偏转；而且与仪器相接的探测头本身就是导体或电介质，若将其放入静电场，探测头上会产生感应电荷或束缚电荷，这些电荷又产生电场，与被测静电场叠加起来，使被测电场产生显著的畸变。因此，实验一般采用一种间接的测量方法，即模拟法来测量。

一、实验目的

（1）懂得模拟实验法的适用条件。

（2）对于给定的电极，能用模拟法求出其电场分布。

（3）加深对电场强度和电势概念的理解。

二、实验仪器及用具

静电场描绘仪，稳压电源，双层式静电场实验装置。

三、仪器简介

静电场描绘仪由电极架、电极（3种水槽电极）、同步探针等组成。

（一）静电场描绘仪

静电场描绘仪如图6.1所示，仪器的下层用于放置水槽电极，上层用于安放坐标纸，P是测量探针，可在水中测量等势点，P'是记录探针，可将P在水中测得的各电势点同步地记录在坐标纸上（打出印迹）。由于P、P'是固定在同一探针架上的，所以两者绘出的图形完全相同。

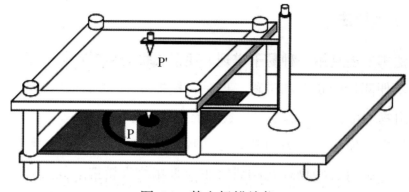

图 6.1　静电场描绘仪

（二）水槽电极

电极的外形如图 6.2 所示：a 为同轴圆柱电极，b 为平行导线电极，c 为聚焦电极。

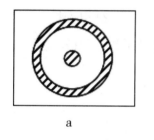 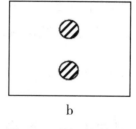 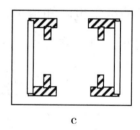

a　　　　　　　　　b　　　　　　　　　c

图 6.2　电极的外形

（三）同步探针

同步探针由装在探针座上的两根同样长短的弹簧片及装在簧片末端的两根细而圆滑的钢针组成，如图 6.3 所示。下探针深入水槽自来水中，用来探测水中电流场各处的电势数值，上探针略向上翘起，两探针处于同一铅直线上，当探针座在电极架下层右边的平板上自由移动时，上、下探针探出等势点，用手指轻轻按下上探针上的揿钮，上探针针尖就在坐标纸上打出相应的等势点。

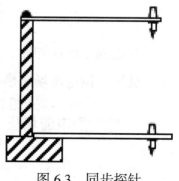

图 6.3　同步探针

四、实验原理

（一）模拟法

模拟法本质上是用一种易于实现、便于测量的物理状态或过程来模拟不易实现、不便测量的状态和过程。但是，模拟要求这两种状态或过程有一一对应的两组物理量，且满足相似的数学形式及边界条件。

一般情况，模拟可分为物理模拟和数学模拟。物理模拟就是保持同一物理本质的模拟，对一些物理场的研究主要采用物理模拟，如用光测弹性模拟工件内部应力的分布等。数学模拟也是一种研究物理场的方法，它是把不同本质的物理现象或过程，用同一数学方程来描绘。对于一个稳定的物理场，它的微分方程和边界条件一旦确定，其解是唯一的。如果描述两个不同本质的物理场的微分方程和边界条件相同，则它们解的数学表达式是一样的。只要对其中一种易于测量的场进行测绘，并得到结果，那么与它对应的另一个物理场的结果也就知道了。模拟法在工程设计中有着广泛的应用。

例如，对于静电场，电场强度 E 在无源区域内满足以下积分关系：

$$\oiint_s \vec{E} \cdot d\vec{S} = 0 \quad （高斯定理）$$

$$\oint_l \vec{E} \cdot d\vec{l} = 0 \quad （环路定理）$$

对于稳恒电流场，电流密度矢量 $\vec{j}$ 在无源区域中也满足类似的积分关系：

$$\oiint_s \vec{j} \cdot d\vec{S} = 0 \quad （连续方程）$$

$$\oint_l \vec{j} \cdot d\vec{l} = 0 \quad （环路定理）$$

在边界条件相同时，两者的解是相同的。由于稳恒电流场易于实现测量，所以就用稳恒电流场来模拟与其有相同数学形式的静电场。

（二）用电流场模拟静电场

如图 6.4a 所示，在真空中有一半径为 r_a 的长圆柱形导体 A 和一个内径为 r_b 的长圆筒形导体 B，它们同轴放置，分别带等量异号电荷。由对称性可知，

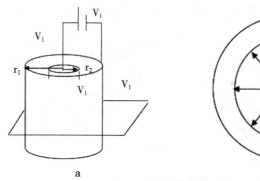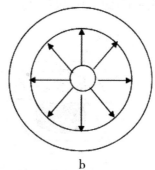

图 6.4　同轴电缆及电场分布

在垂直于轴线的任一个截面 S 内，都有均匀分布的辐射状电力线，这是一个与轴向坐标无关而与径向坐标有关的二维场。取二维场中电场强度 E 平行于 xy 平面，则其等位面为一簇同轴圆柱面。因此，研究任一垂直横截面上的电场分布即可。半径为 r 处（如图 4.6 b 所示）的各点电场强度为 $E = \dfrac{\lambda}{2\pi\varepsilon_0 r} \boldsymbol{r_0}$。式中，$\lambda$ 为 A（或 B）的电荷线密度，其电位为

$$U_r = U_a - \int_{r_a}^{r} \boldsymbol{E} \cdot d\boldsymbol{r} = U_a - \frac{\lambda}{2\pi\varepsilon_0} \ln \frac{r}{r_a} \tag{6.1}$$

若 $r = r_b$ 时，$U_r = U_b = 0$，则有

$$\frac{\lambda}{2\pi\varepsilon_0} = \frac{U_a}{\ln(r_b/r_a)}$$

代入（6.1）式得

$$U_r = U_a \frac{\ln(r_b/r)}{\ln(r_b/r_a)} \tag{6.2}$$

距中心 r 处电场强度为

$$E_r = -\frac{\mathrm{d}U_r}{\mathrm{d}r} = \frac{U_a}{\ln \dfrac{r_b}{r_a}} \frac{1}{r} \tag{6.3}$$

若上述圆柱形导体 A 与圆筒形导体 B 之间不是真空，而是均匀地充满了一种电导率为 σ 的不良导体，且 A 和 B 分别与直流电源的正负极相连（如图 6.5 所示），则在 A、B 间将形成径向电流，建立起一个稳恒电流场 E_r'。可以

证明不良导体中的稳恒电流场 E_r' 与原真空中的静电场 E_r 是相同的。

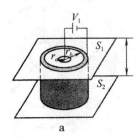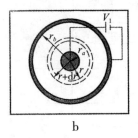

图6.5 同轴电缆模拟模型

取高度为 t 的圆柱形同轴不良导体片来研究。设材料的电阻率为 $\rho(\rho=1/\sigma)$，则从半径为 r 的圆周到半径为 $r+dr$ 的圆周之间的不良导体薄块的电阻为

$$dR = \frac{\rho}{2\pi t}\frac{dr}{r}$$

半径 r 到 r_b 之间的圆柱片电阻为

$$R_{rr_b} = \frac{\rho}{2\pi t}\int_r^{r_b}\frac{dr}{r} = \frac{\rho}{2\pi t}\ln\frac{r_b}{r}$$

由此可知，半径 r_a 到 r_b 之间的圆柱片电阻为

$$R_{r_a r_b} = \frac{\rho}{2\pi t}\ln\frac{r_b}{r_a}$$

若设 $U_b=0$，则径向电流为

$$I = \frac{U_a}{R_{r_a r_b}} = \frac{2\pi t U_a}{\rho\ln\dfrac{r_b}{r_a}}$$

距中心 r 处的电位为

$$U_r = IR_{rr_b} = U_a\frac{\ln(r_b/r)}{\ln(r_b/r_a)} \tag{6.4}$$

则稳恒电流场 E_r' 为

$$E_r' = -\frac{dU_r'}{dr} = \frac{U_a}{\ln\dfrac{r_b}{r_a}}\frac{1}{r} \tag{6.5}$$

可见（6.4）式与（6.2）式具有相同的形式，说明稳恒电流场与静电场的电位分布函数完全相同．

需要注意的是模拟方法的使用有一定的条件和范围，不能随意推广，否则将会得到荒谬的结论．用稳恒电流场模拟静电场的条件可以归纳为下列三点：

（1）稳恒电流场中的电极形状应与被模拟的静电场中的带电体几何形状相同．

（2）稳恒电流场中的导电介质是不良导体且电导率分布均匀，这样才能保证电流场中的电极（良导体）的表面也近似是一个等位面．

（3）模拟所用电极系统与模拟电极系统的边界条件相同．

五、实验步骤

测量长同轴圆柱间的电势分布．

（1）在测试仪上层板上放置一张坐标记录纸，在下层板上放置水槽式长同轴圆柱面电场模拟电极．加自来水填充在电极间．

（2）接好电路，调节探针，使下探针浸入自来水中，触及水槽底部．

（3）接通电源，"测量转换"扳钮扳向"电压输出"位置．调节交流输出电压，使 A、B 两电极间的电压为交流 12V，保持不变．

（4）将交流毫伏表与下探针连接．移动探针，在 A 电极附近找出电势为 10V 的点，用上探针在坐标纸上扎孔为记．同理，再在 A 周围找出电势为 10V 的 7 个等势点，扎孔为记．

（5）移动探针，在 A 电极周围找出电势分别为 8V，6V，4V，2V 的各 8 个等势点（圆越大，应多找几点），方法如步骤（4）．

（6）分别用 8 个等势点连成等势线（应是圆），确定圆心 O 的位置．量出各条等势线的坐标 r（不一定都相等），并分别求其平均值．

（7）用游标卡尺分别测出电极 A 和电极 B 的直径分别 2a 和 2b．

（8）计算各相应坐标 r 处的电势的理论值 $V_{理}$，并与实验值比较，计算相对误差．

（9）根据等势线与电场线相互正交的特点，在等势线图上添置电场线，成为一张完整的带有等量异号电荷同轴圆柱面的静电场分布图．

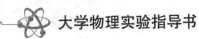
（10）以 $\ln r$ 为横坐标，$V_实$ 为纵坐标，作 $V_实$–$\ln r$ 曲线，并与 $V_理$–$\ln r$ 曲线比较。

六、数据记录及处理

模拟电场分布测试数据，填入表6–1。

表6–1　模拟电场分布测试数据

$V_实$(V)	10.0	8.0	6.0	4.0	2.0
r					
$V_理$					
$\dfrac{V_实-V_理}{V_理}$(%)					

$V_A=$＿＿＿＿＿＿＿＿　　　$2a=$＿＿＿＿＿＿＿＿cm　　　$2b=$＿＿＿＿＿＿＿＿cm

实验七　用电磁感应法描绘磁场

在工业、国防、科研中都需要对磁场进行测量，测量磁场的方法有很多，如冲击电流计法、霍尔效应法、核磁共振法、天平法、电磁感应法等，本实验采用电磁感应法测磁场，该方法具有测量原理简单、测量方法简便及测试灵敏度较高等优点。

一、实验目的

（1）了解感应法测量磁场的原理。
（2）研究圆电流轴向磁场的分布。
（3）描绘亥姆霍兹线圈中的磁场均匀区。

二、实验仪器用具

磁场描绘仪，探测线圈，圆形线圈，亥姆霍兹线圈。

三、实验原理

（一）载流圆线圈与亥姆霍兹线圈的磁场

1. 单个载流圆线圈磁场

一半径为 R，通以电流 I 的圆线圈，轴线上磁感应强度的计算公式为

$$B = \frac{\mu_0 N_0 I R^2}{2(R^2 + X^2)^{3/2}} \tag{7.1}$$

式中 N_0 为圆线圈的匝数，X 为轴上某一点到圆心 O 的距离。$\mu_0 = 4\pi \times 10^{-7}$ H/m。轴线上磁场的分布如图 7.1 所示。

2. 亥姆霍兹线圈

设 X 为亥姆霍兹线圈中轴线上某点离中心点 O 处的距离，则亥姆霍兹线

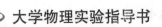
圈轴线上该点的磁感应强度为

$$B' = \frac{1}{2}\mu_0 N_0 I R^2 \{[R^2 + (\frac{R}{2} + X)^2]^{-3/2} + [R^2 + (\frac{R}{2} - X)^2]^{-3/2}\} \qquad (7.2)$$

而在亥姆霍兹线圈轴线上中心 O 处，$X = 0$，磁感应强度为

$$B_O' = \frac{\mu_0 N_0 I}{R} \times \frac{8}{5^{3/2}} = 0.7155 \frac{\mu_0 N_0 I}{R} \qquad (7.3)$$

轴线上磁场的分布如图 7.2 所示。

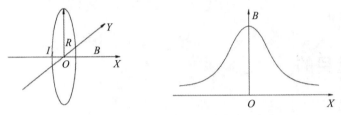

图 7.1　单个圆环线圈磁场分布

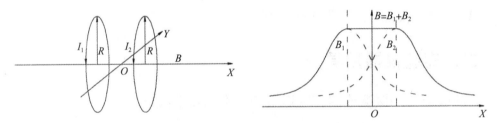

图 7.2　亥姆霍兹线圈磁场分布

（二）电磁感应法测磁场

1. 电磁感应法测量原理

设由交流信号驱动的线圈产生的交变磁场，它的磁场强度瞬时值

$$B_i = B_m \sin\omega t \qquad (7.4)$$

式中 B_m 为磁感应强度的峰值，其有效值记作 B，ω 为角频率。

又设有一个探测线圈放在这个磁场中，通过这个探测线圈的有效磁通量为

$$\varphi = NSB_m \cos\theta \sin\omega t \qquad (7.5)$$

式中 N 为探测线圈的匝数，S 为该线圈的截面积，θ 为法线 n 与 B_m 之间的夹角，线圈产生的感应电动势为

$$\varepsilon = -\frac{d\Phi}{dt} = -NS\omega B_m \cos\theta \cos\omega t$$

$$= -\varepsilon_m \cos\omega t \tag{7.6}$$

式中 $\varepsilon_m = NS\omega B_m \cos\theta$ 是线圈法线和磁场成 θ 角时，感应电动势的幅值。当 $\theta = 0°$，$\varepsilon_{max} = NS\omega B_m$，这时的感应电动势的幅值最大。如果用数字式毫伏表测量此时线圈的电动势，则毫伏表的示值（有效值）U_{max} 为 $\frac{\varepsilon_{max}}{\sqrt{2}}$，则

$$B = \frac{B_m}{\sqrt{2}} = \frac{U_{max}}{NS\omega} \tag{7.7}$$

式中 B 为磁感应强度的有效值，B_m 为磁感应强度的峰值。

2. 探测线圈的设计

实验中由于磁场的不均匀性，这就要求探测线圈要尽可能的小。实际的探测线圈又不可能做得很小，否则会影响测量灵敏度。一般设计的线圈长度 L 和外径 D 有 $L = 2D/3$ 的关系，线圈的内径 d 与外径 D 有 $d \leqslant D/3$ 的关系，尺寸示意如图 7.4 所示。线圈在磁场中的等效面积，经过理论计算，可用下式表示：

$$S = \frac{13}{108}\pi D^2 \tag{7.8}$$

这样的线圈测得的平均磁感应强度可以近似看成是线圈中心点的磁感应强度。

将（7.8）式代入（7.7）式得：

$$B = \frac{54}{13\pi^2 ND^2 f} U_{max} \tag{7.9}$$

本实验的 $D=8.00$ mm，$N=1200$ 匝。将频率 $f=1000$ Hz 代入（7.9）式就可得出 B 值。

四、实验步骤

1. 测量单个载流圆线圈（固定的）轴线上的磁场分布

（1）按要求接好线路并接通电源。

（2）将探测线圈放入励磁线圈轴线的中心，旋转探测线圈，从毫伏表读出感应电动势的最大值并记录。

（3）改变探测线圈的位置，分别测出励磁线圈轴线中心两侧各对应点感应电动势的最大值并记录。

2. 测量亥姆霍兹载流线圈轴线上的磁场分布

（1）将励磁电压分别接入亥姆霍兹线圈，并保证两线圈中电流方向相同。

（2）将探测线圈放入亥姆霍兹载流线圈轴线的中心，旋转探测线圈，从毫伏表读出感应电动势的最大值并记录。

（3）改变探测线圈的位置，分别测出亥姆霍兹载流线圈轴线中心两侧各对应点感应电动势的最大值并记录。

五、数据记录及处理

实验数据，填入表 7-1。

表 7-1 数据记录表

		-10	-9	-8	-7	-6	-5	-4	-3	-2	-1	0	1	2	3	4	5	6	7	8	9	10
单线圈	X																					
	U_m																					
	B																					
亥姆霍兹线圈	X																					
	U_m																					
	B																					

实验八　利用电位差计测未知电源电动势

电位差计是电磁学测量中用来直接精密测量电动势或电位差的主要仪器之一。它用途很广泛，不但可以精确测量电动势、电压，与标准电阻配合也可以精确测量电流、电阻和功率等，还可以用来校准精密电表和直流电桥等直读式仪表。有些电器仪表厂用电位差计来确定产品的准确度和定标，而且它在非电参量（如温度、压力、位移和速度等）的电测法中也占有极其重要的地位。它不仅被用于直流电路，也被用于交流电路。因此，电位差计在工业测量自动控制系统的电路中得到普遍的应用。

一、实验目的

（1）掌握用补偿法测电动势的原理。

（2）测量干电池的电动势。

（3）培养学生正确连接电学实验线路、分析线路以及在实验过程中排除线路故障的能力。

二、实验仪器用具

十一线电位差计，直流稳压电源，标准电池，检流计，滑线电阻器，双刀开关，单刀开关。

三、实验原理

（一）补偿原理

在直流电路中，电源电动势在数值上等于电源开路时两电极的端电压。因此，在测量时要求没有电流通过电源，测得电源的端电压，即为电源的电动势。但是，如果直接用伏特表去测量电源的端电压，由于伏特表总要有电流通过，而电源有内阻，因而不能得到准确的电动势数值，所测得的电位差值总是小于电位差真值。为了准确地测量电位差，必须使分流到测量支路上的电流等于零，直流电位差计就是为了满足这个要求而设计的。

补偿原理就是利用一个电压或电动势去抵消另一个电压或电动势，其原理可用图 8.1 来说明。两个电源 E_n 和 E_x，正极对正极、负极对负极，其中 E_n 为可调标准电源电动势，E_x 为待测电源电动势，中间串联一个检流计 G 接成闭合回路。如果要测电源 E_x 的电动势，可通过调节电源 E_n，使检流计读数为 0，电路中没有电流，此时

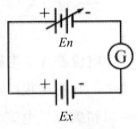

图 8.1　补偿原理

表明 $E_x = E_n$，E_x 两端的电位差和 E_n 两端的电位差相互补偿，这时电路处于补偿状态。若已知补偿状态下 E_n 的大小，就可确定 E_x，这种利用补偿原理测电位差的方法称为补偿法，该电路称为补偿电路。由上可知，为了测量 E_x，关键在于如何获得可调节的标准电源，并要求这电源：①便于调节；②稳定性好，能够迅速读出其准确的数值。

（二）电位差计原理

根据补偿法测量电位差的实验装置称为电位差计，其测量原理可分别用图 8.2 和图 8.3 来说明。图 8.2 为电位差计定标原理图，其中 *ABCD* 为辅助工作回路，由电源 *E*、限流电阻 *R*、11 m 长粗细均匀的电阻丝 *AB* 串联成一个闭合回路；*MN* 为补偿电路，由待测电源 E_n 和检流计 G 组成。电阻箱 *R* 用来调节回路工作电流 *I* 的大小，通过调节 *I* 可以调整单位长度电阻丝上电位差 V_0 的大小，*M*、*N* 为电阻丝 *AB* 上的两个活动触点，可以在电阻丝上移动，以便从 *AB* 上取适当的电位差来与测量支路上的电位差补偿，它相当于补偿电路图中的 *En*，提供了一个可变电源。当回路接通时，根据欧姆定律可知，电阻丝 *AB* 上任意两点间的电压与该两点间的距离成正比。因此，可以改变 *MN* 的间距，使检流计 G 的读数为 0，此时 *M* 和 *N* 两点间的电压就等于待测电动势 E_x。要测量电动势（电位

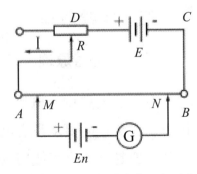

图 8.2　电位差计定标原理图

差）E_x，必须分两步进行：

（1）定标。利用标准电源 E_n 高精确度的特点，使得工作回路中的电流 I 能准确地达到某一标定值 I_0，这一调整过程叫电位差计的定标。

本实验采用滑线式十一线电位差计，电阻 R_{AB} 是 11 m 长粗细均匀的电阻丝。根据定标原则，按图 8.2 连线，移动滑动触头 M、N，将 M、N 之间的长度固定在 L_{MN} 上，调节工作电路中的电阻 R，使补偿回路中的定标回路达到平衡，即流过检流计 G 的电流为零，此时：

$$E_n = V_{mn} = I_0 R_{mn} = I_0 \frac{\rho}{S} L_{mn} \tag{8.1}$$

在工作过程中，$ABCD$ 中的工作电流保持不变，因电阻 R_{AB} 是均匀电阻丝，令

$$V_0 = \frac{\rho}{S} I_0 \tag{8.2}$$

那么有 $E_s = V_0 L_{MN}$。

很明显 V_0 是电阻丝 R_{AB} 上单位长度的电压降，称为工作电流标准化系数，单位是"V/m"。在实际操作中，只要确定 V_0，也就完成了定标过程。

由（8.2）式可知，当 V_0 保持不变时（$ABCD$ 中工作电流保持不变），可以用电阻丝 M、N 两点间的长度 L_{MN}（力学量）来反映待测电动势 E_x（电学量）的大小。为此，必须确定 V_0 的数值。为使读数方便起见，取 V_0 为 0.1 V/m，0.2 V/m，…，1.0 V/m 等数值。由于 $V_0 = \frac{\rho}{S} I_0$，而且电阻丝阻值稳定，所以只有调节 $ABCD$ 中工作电流 I_0 的大小，才能得到所需的 V_0 值，这一过程通常称作"工作电流标准化"。

（2）测量 E_x。测量待测电动势 E_x 的过程与工作电流标准化的过程正好相反。

当上面定标结束后，按图 8.3 连线，调节 M'、N' 之间的长度 $L_{M'N'}$，使 M'、N' 两点间的电位差 $V_{M'N'}$ 等于待测电动势 E_x，达到补偿，此时流过检流计 G 的电流为零，即

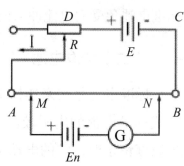

图 8.3　电位差计测量原理图

$$E_n = I_0 R_{m'n'} = I_0 \frac{\rho}{S} L_{m'n'}$$

结合（8.2）式得

$$E_x = V_0 L_{M'N'} \tag{8.3}$$

下面用例子说明定标和测量过程，标准电源 $E_n = 1.0183$ V，取 $V_0 = 0.2$ V/m。

定标：为了保证 R_{AB} 单位长度上的电压降 $V_0 = 0.2$V/m，则要使电位差计平衡的电阻丝长度 $L_{mn} = \dfrac{E_n}{V_0} = 5.0915$ m，调节限流电阻 R 使 $E_n = V_{mn}$，即检流计 G 的电流为 0，此时 R_{AB} 上的单位长度电压降就是 0.2 V/m 了。

$E_x = V_{M'N'} = V_0 L_{M'N'}$，测量：经过定标的电位差计就可用来测量待测电位差，调节 $L_{M'N'}$，使 $V_{M'N'}$ 和 E_x 达到补偿，即 $V_{M'N'} = E_x$。

四、实验仪器结构

（一）十一线板式电位差计

本实验所用的板式电位差计如图 8.4 所示。图中的电阻丝 AB 长 11 m，它往复地绕在 11 个接线插孔 0，1，2，…，10 上，每相邻两插孔间电阻丝的长度均为 11 m。插头 C 可插在其中的任一插孔上，电阻丝 OB 旁边有毫米刻度的米尺，触头 D 可在电阻丝上滑动。R_0 为滑动电阻器，用它来调节工作电流。R_1 为使检流计和标准电池免受大电流冲击的保护电阻。

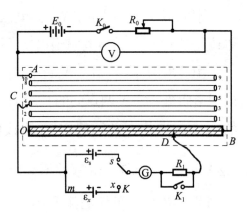

图 8.4 板式电位差示意图

（二）标准电池

标准电池是用来作标准电动势的原电池，分饱和式和非饱和式两种。饱和式标准电池的内阻较高，在充放电情况下会极化，因而不能用它来供电。当温度恒定时，它的电动势相当稳定。但在不同的温度下，它的电动势略有变化，必须按下述经验公式加以温度修正：

$$\varepsilon_1 = \varepsilon_{20} - [40(t - 20) + 0.93(t - 20)^2] \times 10^{-6}\ （V）$$

其中 ε_{20} 是温度为 +20 ℃时的电动势，其值由标准电池的鉴定书确定。

使用标准电池时应注意如下几点：

（1）不能倾斜、摇晃和振动，更不可以翻倒；否则，将引起电动势的变化。

（2）正负极不能接错。通入或取标准电池的电流不应大于 $10^{-5} \sim 10^{-6}$ A。不允许用电压表去测量它的电动势，更不允许将两电极短路连接。（为什么？）

（3）应防止阳光照射，不能与热源、冷源直接接触。

五、实验内容和步骤

（1）按图 8.4 连接电路。

（2）将转换开节 K 倒向 s 端。根据标准电池电动势 ε_s 的数值（例如 1.0183 V），适当选择插塞 C_1 的位置和滑动端 D_1 的位置，使检流计指针几近不偏转。合上开关 K_1（短接保护电阻 R_1），提高电位差计的灵敏度，进一步细调滑动端 D_1 的位置，使 $I_0 = 0$。读取电阻丝 C_1D_1 的长度 L_1 之值。

（3）断开 K_1，将转换开关 K 倒向 x 端，根据被测干电池电动势的估计值，适当选择插塞 C_2 和滑动端 D_2 的位置，使通过检流计的电流 I_g 几近为零。闭合 K_1，进一步细调 D_2 的位置，使 $I_G=0$，读取此时电阻丝 C_2D_2 段的长度 L_2 之值。

按以上步骤重复测量三次，取 L_1 和 L_2 的平均值代入 8.4 式计算 ε_x。

（4）根据实际情况估计 L_1 和 L_2 的绝对误差，并计算 ε_x 的相对误差。

思考题

（1）用电位差计测电动势的物理原理是什么？

（2）工作电源 E_0、标准电池 ε_s 和被测电池 ε_x 这三个电源的极性能否部分反接？能否全部反接？为什么？

（3）在实验中，合上开关 K_0，将转换开关 K 倒向 s 端或 x 端，如果出现"无论怎样改变插塞 C 和滑动端 D 的位置，检流计总是偏向一边而找不到平衡点"的现象，试问有哪些可能的原因。

（4）本实验为什么要用 11 根电阻丝，而不是简单地只用 1 根？

实验九　示波器的工作原理和使用

示波器是用来显示被观测信号的波形的电子测量仪器，与其他测量仪器相比，示波器具有以下优点：能够显示出被测信号的波形；对被测系统的影响小；具有较高的灵敏度；动态范围大，过载能力强；容易组成综合测试仪器，从而扩大使用范围；可以描绘出任何两个周期量的函数关系曲线。从而把原来非常抽象的、看不见的电变化过程转换成在屏幕上看得见的真实图像。在电子测量与测试仪器中，示波器的使用范围非常广泛，它可以表征的所有参数，如电压、电流、时间、频率和相位差等。若配以适当的传感器，还可以对温度、压力、密度、距离、声、光、冲击等非电量进行测量。

一、实验目的

（1）了解示波器的结构和工作原理，熟悉示波器和信号发生器的基本使用方法。

（2）学习用示波器观察电信号的波形，以及测量电压、周期和频率值。

（3）观察李萨如图形。

二、实验仪器

双踪示波器，函数信号发生器，连接线。

三、实验原理

示波器显示随时间变化的电压，将它加在电极板上，极板间形成相应的变化电场，使进入这个变化电场的电子运动情况随时间作相应变化，从而通过电子在荧光屏上运动的轨迹反映出随时间变化的电压。

（一）示波器的结构及简单工作原理

示波器一般由五部分组成，如图9.1所示：示波管；信号放大器和衰减器；扫描发生器；同步触发系统；电源。下面分别加以简单说明。

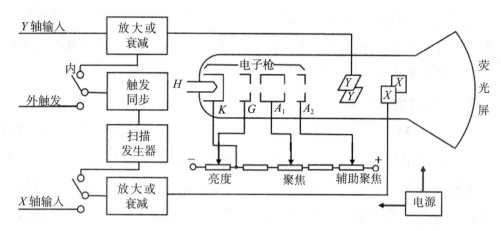

图 9.1　示波器的结构

1. 示波管

示波管主要包括电子枪、偏转系统和荧光屏三部分，全都密封在玻璃外壳内，里面抽成高真空。

（1）荧光屏：它是示波器的显示部分，当加速聚焦后的电子打到荧光上时，屏上所涂的荧光物质就会发光，从而显示出电子束的位置。当电子停止作用后，荧光剂的发光需经一定时间才会停止，称为余辉效应。

（2）电子枪：由灯丝 H、阴极 K、控制栅极 G、第一阳极 A、第二阳极 A 五部分组成。灯丝通电后加热阴极。阴极是一个表面涂有氧化物的金属筒，被加热后发射电子。控制栅极是一个顶端有小孔的圆筒，套在阴极外面。它的电位比阴极低，对阴极发射出来的电子起控制作用，只有初速度较大的电子才能穿过栅极顶端的小孔，然后在阳极加速下奔向荧光屏。示波器面板上的"亮度"调整就是通过调节电位以控制射向荧光屏的电子流密度，从而改变屏上的光斑亮度。阳极电位比阴极电位高很多，电子被它们之间的电场加速形成射线。当控制栅极、第一阳极、第二阳极之间的电位调节合适时，电子枪内的电场对电子射线有聚焦作用，所以第一阳极也称聚焦阳极。第二阳极电位更高，又称加速阳极。面板上的"聚焦"调节，就是调第一阳极电位，使荧光屏上的光斑成为明亮、清晰的小圆点。有的示波器还有"辅助聚焦"，实际是调节第二阳极电位。

（3）偏转系统：它由两对相互垂直的偏转板组成，一对垂直偏转板 Y 和

一对水平偏转板 X。在偏转板上加以适当电压，电子束通过时，其运动方向发生偏转，从而使电子束在荧光屏上的光斑位置也发生改变。容易证明，光点在荧光屏上偏移的距离与偏转板上所加的电压成正比，因而可将电压的测量转化为屏上光点偏移距离的测量，这就是示波器测量电压的原理。

2. 信号放大器和衰减器

示波管本身相当于一个多量程电压表，这一作用是靠信号放大器和衰减器实现的。由于示波管本身的 X 轴及 Y 轴偏转板的灵敏度不高（0.1~1 mm/V），当加在偏转板上的信号过小时，要预先将小的信号电压加以放大后再加到偏转板上。为此设置 X 轴及 Y 轴电压放大器。衰减器的作用是使过大的输入信号电压变小以适应放大器的要求，否则放大器不能正常工作，输入信号会发生畸变，甚至导致仪器受损。对一般的示波器来说，X 轴和 Y 轴都设置有衰减器，以满足各种测量的需要。

3. 扫描发生器（扫描信号发生器）

它是把一个随时间变化的电压信号 $V = V(t)$ 加在示波器 Y 偏转板上，只能从荧光屏上观察到光点在垂直方向的运动。如果信号变化较快，荧光屏上光点有一定余辉，便能看到一条垂直的亮线。要想看到波形，则必须在水平偏转板上加一个与时间成正比的电压信号，即 $V = kt$（k 为常数），使光点在垂直方向运动的同时沿水平方向匀速移动，将垂直方向的运动沿水平方向展开，从而在荧光屏上显示出电压随时间变化的波形。

加在水平偏转板上的信号实际上是"锯齿波"，如图 9.2 所示，其特点是在一周期内电压与时间成正比，到达最大值后又突然变为零，然后进入下一个周期。由于水平偏转板上锯齿波的作用，电子束在水平方向呈周期性地由左至右地运动（回扫时间极短可以忽略）。因此，该信号称为"扫描"信号。

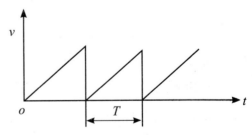

图 9.2　扫描锯齿波电压

4. 同步触发系统

待测信号 $V = V(t)$ 和扫描信号 $V = kt$ 实际上是两个独立的电压信号，若要形成稳定的波形，则待测信号 V 的周期 T 与扫描锯齿波 V 的周期 T 之间必须

满足：$T = nT$（$n = 1$，2，3，$\cdots$）

假设待测信号输入的是正弦波 $V = V\sin(\omega t)$ 加在 Y 偏转板上，扫描信号锯齿波 $V = kt$ 加在 X 偏转板上，锯齿波的周期 T 与正弦波的周期 T 相同，如图 9.3 所示，显示的是两者的合成图。

如果 V 为 1 点，而在同一时刻 V 也在 1 点，则屏上相应的光点位置为 1；下一瞬间，V 为 2 点时，V 在 2 点，屏上相应的光点位置为 2。依此类推，当

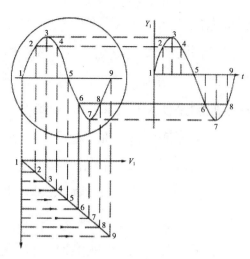

图 9.3　示波器显示波形合成原理图

V 变化一个完整的周期时，荧光屏上的光点将正好描绘出与 V 随时间的变化规律完全相同的波形。若周期满足 $T = nT$（$n = 1$，2，3，$\cdots$）整数倍的情况，荧光屏上将出现一个、两个、三个……完整的正弦波形。

若锯齿波的周期 T 与正弦波的周期 T 稍有不同，会出现什么波形呢？利用图 9.4 来说明。当 $T_x = \dfrac{3}{4} T_y$ 时，在扫描的第一周期，屏上只显示 0～3 点的波形；第二个周期显示 3～6 点的波形；第三个周期依此类推。屏上波形均不重合，就好像波形向右移动一样；同理，若锯齿波的周期 T 略大于正弦波的周期 T，波形好像向左移，这种现象称为不同步。原因是因为 T，T 不满足整数倍条件，使得每次扫描开始时起点不同。

如何才能始终保持两者的周期成整数倍，从而使波形保持稳定呢？常用"同步"的办法或用"触发扫描"的方法来实现。"同步"的做法是将 Y 轴输入的信号接到锯齿波发生器中，强迫 T 跟着 T 变化，以保证 $T = nT$ 条件得到满足，使波形稳定；或者机外接入某一频率稳定的信号，作为同步用的信号源，使波形稳定。

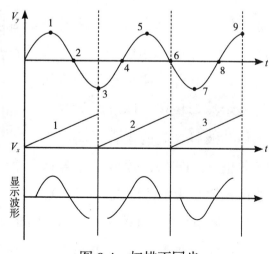

图 9.4　扫描不同步

面板上的"同步增幅""同步水平"等旋钮即为此而设。需要注意的是，同步信号幅度的大小要适当。信号幅度太小不起作用，太大会使波形严重失真。"触发扫描"是由于难以看清窄脉冲信号的前后沿，而必须采取扫描方式，其基本原理是使扫描电路仅在被测信号触发下才开始扫描，过一段时间自动恢复始态，完成一次扫描。这样每次扫描的起点始终由触发信号控制，每次屏上显示的波形都重合，图像必然稳定。实际上，示波器中并非直接用被测信号触发扫描，而是从Y轴放大器的被测信号取出一部分，使其变成与波形触发点相关的尖脉冲，去触发闸门电路，进而启动扫描电路输出锯齿波。由于脉冲"很窄"，所以它准确地反映了触发点的位置，从而保证了扫描与被测信号总是"同步"，屏上即会显示稳定图像。

5. 电源

用以供给示波管及各部分电路所需要的各种交直流电源。

（二）信号电压、频率的测量

将待观察信号从Y_1端或Y_2端加到Y偏转板上，X偏转板加上扫描电压信号，调节辉度旋钮、聚集旋钮及x、y位移旋钮，调节电压偏转因数旋钮和扫描时间旋钮，再调节同步触发电平旋钮，即可看到待观察信号波形。

1. 测量电压

把待测信号输入到示波器的y轴输入端，将y轴输入耦合方式选择键"AC"键按下，y轴灵敏度旋钮"VOLTS/DIV"旋到适当位置，调节有关控制开关及旋钮使显示波形稳定，读取所显波形波峰与波谷之间的垂直距离所占格数值N（DIV），读取信号输入通道灵敏度旋钮挡位数，如图9.5

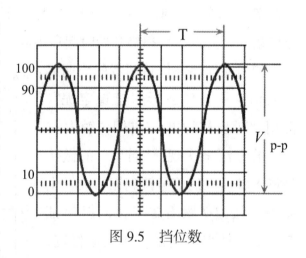

图9.5　挡位数

所示，则电压峰–峰值$V_{(p-p)}$ = VOLTS / DIV × N(DIV)

在测量被测信号的电压时，应通过调节y轴灵敏度选择开关"VOLTS/

DIV"使被测信号幅度尽量放大，但不能超出显示屏幕。（为什么？）

2. 测量频率

把待测信号输入示波器的 y 轴输入端，将扫描速率旋钮"TIME / DIV"旋到适当的位置，调节有关控制开关及旋钮使显示波形稳定，读取被测波形一个周期的波形所占格数 M（DIV），读取扫描速率旋钮"TIME / DIV"的挡位数，如图9.6所示，则

信号周期：$T = \text{TIME / DIV} \times M(\text{DIV})$

信号频率：$f = \dfrac{1}{T}$

在测量被测信号的周期和频率时，应通过调节扫描速率旋钮"TIME/DIV"使被测信号相连两个波峰的水平距离尽量拉大，但不能超过限时屏幕。（为什么？）

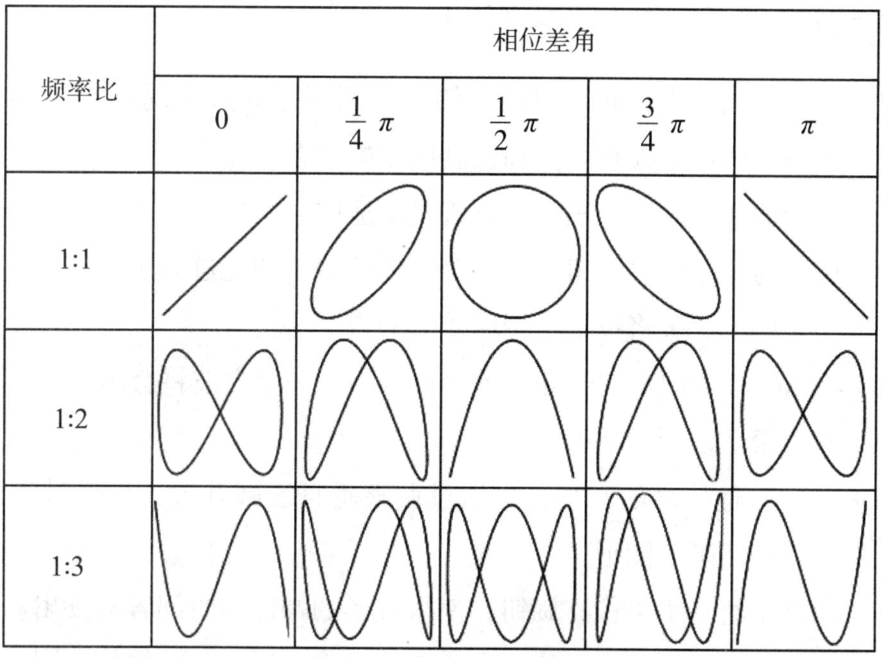

频率比	相位差角				
	0	$\dfrac{1}{4}\pi$	$\dfrac{1}{2}\pi$	$\dfrac{3}{4}\pi$	π
1:1					
1:2					
1:3					

图9.6 李萨如图形

（三）李萨如图形

把两个正弦信号分别加到垂直偏转板与水平偏转板上，则光点的运动轨迹是两个互相垂直的简谐振动的合成。当两个正弦信号频率之比为整数倍时，

其合成的图形是一个稳定的闭合曲线，该闭合曲线称为李萨如图形，如图 9.6 所示。

令 f_y 和 f_x 分别代表垂直偏转板和水平偏转板的正弦信号的频率，当荧光屏上显示出稳定的李萨如图形时，在水平方向和垂直方向分别作两条直线与图形相切或相交，数出此两条直线与图形的切点数或交点数，则

$$\frac{f_y}{f_x} = \frac{水平直线与图形的切点数}{垂直直线与图形的切点数} \qquad 或 \qquad \frac{f_y}{f_x} = \frac{水平直线与图形相交的点数}{垂直直线与图形相交的点数}$$

利用这一关系可以测量正弦信号频率。例如，输入的两个正弦信号中一个为已知频率的信号，则把两个正弦信号分别输入垂直偏转板与水平偏转板上，调出稳定的李萨如图形，从上式中就可求出待测正弦信号的频率。

四、实验内容

（一）单通道操作（基本操作）

（1）电源接通，电源指示灯亮，约 20 s 后屏幕光迹出现。如果 60 s 后还没有出现光迹，请重新检查开关和控制旋钮的设置。

（2）分别调节亮度，聚焦，使光迹亮度适中，清晰。

（3）调节通道 1 位移旋钮与轨迹旋转电位器，使光迹与水平刻度平行。

（4）用 10∶1 探头将校正信号输入 CH1 输入端。

（5）将 AC–GND–DC 开关设置在 AC 状态，一个方波将会出现在屏幕上。

（6）调整聚焦使图像清晰。

（7）对于其他信号的观察，可通过调整垂直衰减开关，扫描时间到所需时段，从而得到清晰的图形。

（8）调整垂直和水平位移旋钮，使得波形的幅度与时间容易读出。

以上为示波器的最基本操作，通道 2 的操作与通道 1 的操作相同。

（二）双通道操作

改变垂直方式到 DUAL 状态，于是通道 2 的光迹也会出现在屏幕上（与 CH2 相同）。这时通道 1 显示一个方波，而通道 2 仅显示一条直线，因为没有信号接到该通道。现在将校正信号接到 CH2 的输入端与 CH1 一致，将 AC–

GND-DC 开关设置到 AC 状态，通过调整使两条通道的波形大小适中。释放 ALT/CHOP 开关，（置于 ALT 方式）。CH1 和 CH2 的信号交替地显示在屏幕上，此设定用于观察扫描时间较短的两路信号。按下 ALT/CHOPA 开关（置于 CHOP 方式），CH1 和 CH2 的信号以 250 KHz 的速度独立地显示在屏幕上，此设定用于观察扫描时间较长的两路信号。在进行双通道操作时（DUAL 或加减方式），必须通过触发源信号的开关来选择通道 1 或通道 2 的信号作为触发信号。如果 CH1 和 CH2 信号同步，则两个波形都会稳定显示出来。反之，则仅有触发信号源的信号可以稳定地显示出来；如果 TRIG/ALT 开关按下，则两个波形都会同时稳定地显示出来。

（三）加减操作

通过设置"垂直方式开关"到"加"的状态，可以显示 CH1 和 CH2 的代数和，如果 CH2 的 INV 开关被按下则为代数减。为了得到加减的精确值，两个通道的衰减设置必须一致。

（四）触发源的选择

正确地选择触发源对于有效地使用示波器是至关重要的，所以用户必须熟悉。

1. MODE 开关

AUTO：当为自动模式时，扫描发生器自由产生一个没有触发信号的扫描信号；当有触发信号时，它会自动转换到触发扫描，通常第一次观察一个波形时，将其设置为"AUTO"，当稳定后再调整其他设置。当其他控制部分设定好后，通常将开关设回到"NORM"触发方式，因为该方式更加灵敏。

NORM：常态，通常扫描器保持在静止状态，屏幕上无光迹显示。

TV-V：电视场，当需要观察一个整场的电视信号时，将 MODE 开关设置到 TV-V，对电视信号的场信号进行同步，扫描时间通常设定到 2 ms/div 或 5 ms/div。

TV-H：电视行，对电视信号的行信号进行同步，扫描时间通常为 5μs/div 显示几行信号波形，可以用微调旋钮调节扫描时见到所需的行数。送入示波

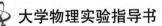

器的同步信号必须是负极的。

2.触发信号源功能

为了在屏幕上显示一个稳定的波形，需要给触发电路提供一个与显示信号在时间上有关联的信号，触发源开关就是用来选择该触发信号的。

CH1/CH2：大部分情况下采用内触发模式。送到垂直输入端的信号在预放以前分一支到触发电路中。

LINE：用交流电源的频率作为触发信号。这种方法对于测量与电源频率有关的信号十分有效，如音响设备的交流噪音，可控硅电路等。

EXT：用外来信号驱动扫描触发电路。该外来信号因与要测的信号有一定的时间关系，波形可以更加独立地显示出来。

3.触发电平和极性开关

当触发信号通过一个预置的阀门电平时会产生一个扫描触发信号。调整触发电平旋钮可以改变电平，向"+"方向时，阀门电平向正方向移动，向"−"方向时，阀门电平向负方向移动，当在中间位置时，阀门电平在平均位置上。

4.触发交替开关

当垂直选择在双踪显示时，该开关用于交替触发和交替显示。在交替放下开关时，每一个扫描周期，触发信号交替一次。这种方式有利于波形幅度、周期的测试，甚至可以观察两个在频率上并无联系的波形，但不适合于相位和时间对比的测量。在双踪显示时，如果"CHOP""TRIG.ALT"同时按下，则不能同步显示，因为"CHOP"信号成为触发信号。

5.扫描速度控制

调节扫描速度旋钮，可以选择你想要观察的波形个数，如果屏幕上显示的波形过多，则调节扫描时间更快一些，如果屏幕上只有一个周期的波形，则可以减慢扫描时间。当扫描速度太快时，屏幕上只能观察到周期信号的一部分，如对于一个方形信号可能在屏幕上显示的只是一条直线。

6.扫描扩展

当需要观察一个波形的一部分时，需要很高的扫描速度。但是，如果想要观察的部分远离扫描起点，则要观察的波形可能已经出现到屏幕以外。这时就需要使用扫描扩展开关。当扫描开关按下后，显示的范围会扩展 10 倍。

7.X–Y 操作

将扫描速度开关设定在 X–Y 位置时，示波器工作方式为 X–Y。

X– 轴：CH1 输入。

Y– 轴：CH2 输入。

将两个信号发生器输出的正弦波信号分别输入 CH1 和 CH2，则合成了各种李萨如图形。固定其中一路的输出频率为 50 Hz，调节另一路的输出频率，得到所要求的稳定的李萨如图形，读出频率值，与计算值 $fx : fy = Ny : Nx$ 相比较。

8. 探头校正

如上所述，示波器探头可用于一个很宽的频率范围，但必须进行相位补偿。失真的波形会引起测量误差，因而测量前要进行探头校正。连接 10∶1 探头 BNC 到 CH1 或 CH2 的输入端，将衰减开关设定到 50 mV，连接探极探针到校正信号的输出端，调整补偿电容直到获得最佳的方波为止。

9. 直流平衡调整（DC BAL）

（1）将 CH1 和 CH2 的输入耦合开关设定为 GND，触发方式为自动，将光迹调到中间位置。

（2）将衰减开关在 5 mV 与 10 mV 之间来回转换，将 DC BAL 调整到光迹在零水平线不移动为止。

注意事项

（1）双踪示波器是一种较为复杂的电子仪器，其面板上的旋钮和开关较多，因而在每一步的操作前应尽量做到清楚自己想做什么，以及明确要操作的旋钮或开关有什么作用，避免盲目操作。

（2）禁止用力转动旋钮以免损坏仪器。

（3）荧光屏上光点亮度应适中，不宜太亮，并且不可将光点固定在屏上某一点过长，以免损坏荧光屏。

思考题

（1）双踪示波器面板上的三大功能区是如何划分的？

（2）若示波器电源打开后，屏幕上无光点出现，试分析原因，如何调整？

（3）Y方式选择开关的作用是什么？当选在双挡位时，能否调出不同的波形出现在屏幕上？如何判断哪个图形是来自Y通道的信号？

（4）如果打开VOLTS/DIV旋钮下或TIME/DIV旋钮下的微调开关或按钮，此时通过屏幕来测量电压或频率会准吗？

附：示波器介绍

前面板介绍如图9.7所示。

型号：MOS-620CH/640CH

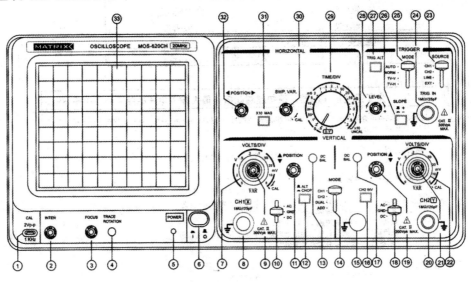

图 9.7　前面板介绍

⑥电源：主电源开关，当此开关开启时二极管⑤发光。

②亮度：调节轨迹或亮点的亮度。

③聚焦：调节轨迹或亮点的聚焦。

④轨迹旋转：半固定的电位器，用来调整水平轨迹与刻度线平行。

㉝滤色片：使波形看起来更加清晰。

垂直轴：

⑧ CH1(X) 输入：在 X–Y 模式下，作为 X 轴输入端。

⑳CH2(Y) 输入：在 X–Y 模式下，作为 Y 轴输入端。

⑩ 和 ⑱AC–GND–DC：选择垂直输入信号的输入方式。

　　　　AC：交流耦合。

　　　　GND：垂直放大器的输入接地，输入端断开。

　　　　DC：直流耦合。

⑦和 ㉒垂直衰减开关：调节垂直偏转灵敏度从 5 mV/div~5 V/div，分 10 挡。

⑨和 ㉑垂直微调：微调灵敏度大于或等于 1/2.5 标示值。

⑬ 和 ⑰CH1 和 CH2 的 DC BAL：这两个用于衰减器的平衡调试。

⑪ 和 ⑲ ▼▲垂直位移：调节光迹在屏幕上的垂直位置。

⑭ 垂直方式：选择 CH1 与 CH2 放大器的工作模式。

　　CH1 或 CH2：通道 1 或通道 2 单独显示。

　　DUAL：两个通道同时显示。

　　ADD：显示两个通道的代数和 CH1+CH2。按下 CH2 INV⑯ 按键，即
　　　　为代数差 CH1–CH2。

⑫AT/CHOP：在双踪显示时，放开此键，表示通道 1 与通道 2 交替显示
（通常用于扫描速度较快的情况下）；当此键按下时，通道 1 与通道 2
同时继续显示（通常用于扫描速度较慢的情况下）。

⑯ CH2 INV：通道 2 的信号反向，当此键按下时，通道 2 的信号以及通
　　道 2 的触发信号同时反向。

触发：

㉔外触发输入端子：用于外部触发信号。当使用该功能时，开关㉓ 应
　　设置在 EXT 位置上。

㉓ 触发源选择：选择内（INT）或外（EXT）触发。

　　CH1：当垂直方式选择开关⑭ 设定在 DUAL 或 ADD 状态时，选择
　　　　通道 1 作为内部触发信号源。

　　CH2：当垂直方式选择开关⑭ 设定在 DUAL 或 ADD 状态时，选择
　　　　通道 2 作为内部触发信号源。

　　　　LINE：选择交流电源作为触发信号。

　　　　EXT：外部触发信号接于 ㉔ 作为触发信号源。

㉗ TRIG.ALT 当垂直方式选择开关 ⑭ 设定在 DUAL 或 ADD 状态时，而且触发源开关 ㉓ 选在通道 1 或通道 2 上，按下㉗时，它会交替选择通道 1 和通道 2 作为内触发信号源。

㉖ 极性：触发信号的极性选择。"+"为上升沿触发，"–"为下降沿触发。

㉘触发电平：显示一个同步稳定的波形，并设定一个波形的起始点。向"+"旋转触发电平向上移，向"–"旋转触发电平向下移。

㉕ 触发方式：选择触发方式。

　　　　AUTO：自动。当没有触发信号输入时扫描处在自由模式下。

　　　　NORM：常态。当没有触发信号时，踪迹处在待命状态并不显示。

　　　　TV—V：电视场。当想要观察一场的电视信号时。

　　　　TV—H：电视行。当想要观察一行的电视信号时。

（仅当同步信号为负脉冲时，方可同步电视场和电视行信号。）

时基：

㉙水平扫描速度开关：扫描速度可以分 20 挡，从 0.2 μs/div 到 0.5 s/div。当设置到 X–Y 位置时可用作 X–Y 示波器。

㉚水平微调：微调水平扫描时间，使扫描时间被校正到与面板上 TIME/DIV 指示一致。TIME/DIV 扫描速度可连续变化。当反时针旋转到底为校正位置，整个延时可达 2.5 倍以上。

㉜◆➤水平位移：调节光迹在屏幕上的水平位置。

㉛扫描扩展开关：按下时扫描速度扩展 10 倍。

其他：

① CAL：提供幅度为 2 VPP 频率为 1 kHz 的方波信号，用于校正 10∶1 探头的补偿电容器和检测示波器垂直与水平的偏转因数。

⑮GND：示波器机箱的接地端子。

实验十　利用超声波测声速

声速是描述声媒介中转播快慢的物理量，声音既然是波，就有固定的频率和波长。声波是一种在弹性媒质中传播的机械波，它是纵波，其振动方向与传播方向相一致。频率低于 20 Hz 的声波称为次声波；频率在 20 Hz ~ 20 kHz 的声波可以被人听到，称为可闻声波；频率在 20 kHz 以上的声波称为超声波。

声波在媒质中的传播速度与媒质的特性及环境状态等因素有关，因而通过媒质对声速的测定，可以了解媒质的特性或状态变化。例如，测量氯气、蔗糖等气体或溶液的浓度，氯丁橡胶乳液的比重以及输油管中不同油品的分界面等，这些问题都可以通过测定这些物质中的声速来解决，可见，声速测定在工业生产上具有一定的实用意义。

本实验以在空气中由高于 20 kHz 的声振动所激起的纵波为研究对象，介绍声速测量的基本方法。实验中采用压电陶瓷超声换能器来测定超声波在空气中的传播速度，这是非电量电测方法应用的一个例子。

一、实验目的

（1）了解超声波的发射和接收方法，了解压电换能器的功能，加深对驻波及振动合成等理论知识的理解。

（2）掌握用共振干涉法（驻波法）和相位比较法测量声速的基本原理和方法。

（3）深入学习信号发生器、示波器等基本电学仪器的使用方法。

二、实验仪器及用具

双踪示波器，信号发生器，声速测量定仪，导线若干。

三、仪器描述

（一）声波

频率介于 20 Hz~20 kHz 的机械波振动在弹性介质中的传播就形成声波，介于 20 kHz ~ 500 MHz 的称为超声波，超声波的传播速度就是声波的传播速度，而超声波具有波长短，易于定向发射和会聚等优点，声速实验所采用的声波频率一般都在 20 kHz 至 60 kHz 之间。在此频率范围内，采用压电陶瓷换能器作为声波的发射器、接收器、效果最佳。

（二）压电陶瓷换能器

SVX-7 声速测试仪主要由压电陶瓷换能器和读数标尺组成。压电陶瓷换能器是由压电陶瓷片和轻金属、重金属两类金属。

压电陶瓷片是由一种多晶结构的压电材料（如石英、锆钛酸铅陶瓷等），在一定温度下经极化处理制成的。它具有压电效应，即受到与极化方向一致的应力 T 时，在极化方向上产生一定的电场强度 E 且具有线性关系：$E=CT$；当与极化方向一致的外加电压 U 加在压电材料上时，材料的伸缩形变 S 与 U 之间有简单的线性关系：$S=KU$。其中，C 为比例系数，K 为压电常数，与材料的性质有关。由于 E 与 T，S 与 U 之间有简单的线性关系，因而我们就可以将正弦交流电信号变成压电材料纵向的长度伸缩，使压电陶瓷片成为超声波的波源，即压电换能器可以把电能转换为声能，从而将压电陶瓷片作为超声波发生器；反过来也可以使声压变化转化为电压变化，即用压电陶瓷片作为声频信号接收器。因此，压电换能器可以把电能转换为声能，作为声波发生器使用；也可以把声能转换为电能，作为声波接收器使用。

压电陶瓷换能器根据它的工作方式，可分为纵向（振动）换能器、径向（振动）换能器和弯曲振动换能器。图 10.1 所示为纵向换能器的结

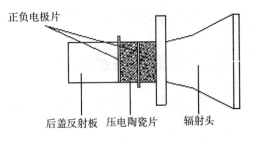

图 10.1　纵向换能器的结构

构简图。

四、实验原理

声速测量的常用方法有两类：一类测量声波传播距离 L 和时间间隔 t，可根据 $v = \dfrac{L}{t}$ 计算出声速 v；另一类是测出频率 f 和波长 λ，利用关系式

$$v = \lambda f$$

计算出声速 v。本实验常用第二种方法测量。

假设空气为理想气体，则声波在空气中的传播可以近似为绝热过程，传播速度可以表示为

$$v = \sqrt{\frac{RT\gamma}{\mu}}$$

式中，$\gamma = \dfrac{C_p}{C_v}$ 为空气比热容比。R 为摩尔气体质量，T 为绝对温度。在 0 ℃时声速 $v_0 = 331.45 \dfrac{m}{s}$。在 t ℃时，干燥空气中的声速应为

$$v_t = v_0 \sqrt{1 + \frac{t}{T_0}}$$

若考虑在相对湿度为 r 的空气中的声速，有：

$$v_t = \sqrt{(1 + \frac{T}{T_0})(1 + 0.31 \frac{rP_S}{P})}$$

式中，P 为大气压；P_s 为 t ℃时空气的饱和蒸汽压，可查表；r 可从干湿温度计上读出。

由于超声波具有波长短、易于定向发射、不可闻等优点，所以本实验对超声波进行测量。

实验中超声波是由交流电信号产生的，所以声波的频率 f 就是交流电信号的频率，由信号发生器中的频率显示出来，可直接读出。因此，本实验的主要任务就是测量声波的波长。测量方法有以下两种。

（一）驻波法

实验装置如图 10.2 所示，S_1 作为超声波源。信号发生器发出的信号接入压电陶瓷换能器 S_1 后，S_1 即发出一列平面超声波：

$$y_1 = A\cos(\omega t - \frac{2\pi}{\lambda}x)$$

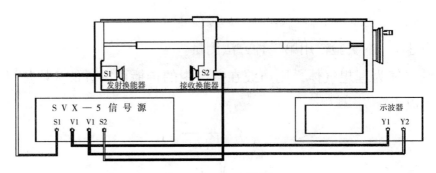

图 10.2　实验装置

该声波经 S_2 吸收转换为一电信号输入示波器，同时 S_2 反射回一列声波：

$$y_2 = A\cos(\omega t + \frac{2\pi}{\lambda}x)$$

两列声波在 S_1 和 S_2 之间合成的声波为

$$y = y_1 + y_2 = [2A\cos\frac{2\pi}{\lambda}x]\cos\omega t$$

上式表明在 S_1 和 S_2 之间形成了驻波场，即在 S_1 和 S_2 之间各点都在作同频率的振动，而各点的振幅是位置 x 的函数。对应于 $\left|\cos\frac{2\pi}{\lambda}x\right| = 1$ 的各点振幅最大，称为波腹。对应于 $\left|\cos\frac{2\pi}{\lambda}x\right| = 0$ 的各点振幅为零，即静止不动，称为波节。

波腹点：$\left|\cos\frac{2\pi}{\lambda}x\right| = 1$ ，$x = \pm n\frac{\lambda}{2}$

波节点：$\left|\cos\frac{2\pi}{\lambda}x\right| = 0$ ，$x = \pm(2n+1)\frac{\lambda}{4}$

可见，任何两个相邻波腹间的距离和任何两个相邻波节间的距离均为 $\dfrac{\lambda}{2}$，所以我们可以通过测量相邻两波腹或波节间的距离而获得声波波长。当移动 S_2 使 S_1 和 S_2 之间的距离 l 为半波长的整数倍时，即

$$l = n\frac{\lambda}{2} \qquad (n = 1,\ 2,\ 3,\ \cdots)$$

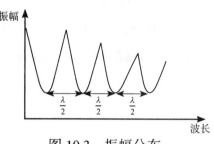

图 10.3　振幅分布

示波器上可观察到信号幅度的极大值（或极小值）。故知，相邻波腹（或波节）的距离为 $\lambda/2$，如图 10.3 所示。

对一个振动系统来说，当振动激励频率与系统固有频率相近时，系统将发生能量积聚产生共振，此时振幅最大。当信号发生器的激励频率等于系统固有频率时，产生共振，声波波腹处的振幅达到相对最大值。当激励频率偏离系统固有频率时，驻波的形状不稳定，且声波波腹的振幅比最大值小得多。

由上式可知，当 S_1 和 S_2 之间的距离 L 恰好等于半波长的整数倍时，即

$$L = k\frac{\lambda}{2}, \qquad k = 0,\ 1,\ 2,\ 3,\ \cdots$$

时形成驻波，示波器上可观察到较大幅度的信号，不满足条件时，观察到的信号幅度较小。移动 S_2，对某一特定波长，将相继出现一系列共振态，任意两个相邻的共振态之间，S_2 的位移为

$$\Delta L = L_{k+1} - L_k = (k+1)\frac{\lambda}{2} - k\frac{\lambda}{2} = \frac{\lambda}{2}$$

因此，当 S_1 和 S_2 之间的距离 L 连续改变时，示波器上的信号幅度每完成一次周期性变化，相当于 S_1 和 S_2 之间的距离改变了 $\dfrac{\lambda}{2}$。此距离可由读数标尺测得，频率 f 由信号发生器读得，由 $v = \lambda f$ 即可求得声速。

（二）相位比较法

实验装置仍如图 10.2 所示，置示波器功能于 X–Y 方式。当 S_1 发出的平面超声波通过媒质到达接收器 S_2，在发射波和接收波之间产生相位差：

$$\Delta\phi = \phi_1 - \phi_2 = 2\pi\frac{L}{\lambda} = 2\pi v\frac{L}{V}$$

因此，可以通过测量 $\Delta\varphi$ 来求得声速。

$\Delta\varphi$ 的测定可用相互垂直振动合成的李萨如图形来进行。设输入 X 轴的入射波振动方程为 $x = A_1\cos(\omega t + \varphi_1)$。

输入 Y 轴的是由 S_2 接收到的波动，其振动方程为

$$y = A_2\cos(\omega t + \phi_2)$$

两式中：A_1 和 A_2 分别为 X 方向、Y 方向振动的振幅，ω 为角频率，φ_1 和 φ_2 分别为 X 方向、Y 方向振动的初相位，则合成振动方程为

$$\frac{x^2}{A_1^2} + \frac{y^2}{A_2^2} - \frac{2xy}{A_1 A_2}\cos(\phi_2 - \phi_1) = \sin^2(\phi_2 - \phi_1)$$

此方程轨迹为椭圆，椭圆长轴、短轴和方位由相位差 $\Delta\varphi = \varphi_1 - \varphi_2$ 决定。

当 $\Delta\varphi = 0$ 时，得 $y = \dfrac{A_2}{A_1}x$，即轨迹为处于第一象限和第三象限的一条直线，显然直线的斜率为 $\dfrac{A_2}{A_1}$，如图 10.4a 所示；当 $\Delta\varphi = \pi$ 时，得 $y = -\dfrac{A_2}{A_1}x$，则轨迹为处于第二象限和第四象限的一条直线，如图 10.4e 所示。

a   b   c   d   e

图 10.4 合成振动

改变 S_1 和 S_2 之间的距离 L，相当于改变了发射波和接收波之间的相位差，荧光屏上的图形也随 L 不断变化。显然，当 S_1 和 S_2 之间距离改变半个波长 $\Delta L = \lambda/2$ 时，则 $\Delta\varphi = \pi$。随着振动的相位差从 $0 \sim \pi$ 的变化，李萨如图形从

斜率为正的直线变为椭圆,再变到斜率为负的直线。因此,每移动半个波长,就会重复出现斜率符号相反的直线,测得了波长 λ 和频率 v,根据式 $V=\lambda v$ 即可计算出室温下声音在媒质中传播的速度。

五、实验步骤

（一）声速测试仪系统的连接与调试

在接通市电后,信号源自动工作在连续波方式,选择的介质为空气的初始状态,预热 15 min,声速测试仪和声速测试仪信号源及双踪示波器之间的连接如图 10.2 所示。

（1）测试架上的换能器与声速测试仪信号源之间的连接。信号源面板上的发射端换能器接口（S1）,用于输出相应频率的功率信号,接至测试架左边的发射换能器（S1）；仪器面板上的接收端的换能器接口（S2）,接至测试架右边的接收换能器（S2）。

（2）示波器与声速测试仪信号源之间的连接。信号源面板上的发射端的发射波形（Y1）,接至双踪示波器的 CH1（X）,用于观察发射波形；信号源面板上的接收端的接收波形（Y2）,接至双踪示波器的 CH2（Y）,用于观察接收波形。

（二）测定压电陶瓷换能器系统的最佳工作点

只有当换能器 S1 和 S2 发射面与接收面保持平行时才有较好的接收效果；为了得到较清晰的接收波形,应将外加的驱动信号频率调节到发射换能器 S1 谐振频率点处,才能较好地进行声能与电能的相互转换,提高测量精度,以得到较好的实验效果。

超声换能器工作状态的调节方法如下：各仪器都正常工作以后,首先调节声速测试仪信号源输出电压（100 ~ 500 mV）,然后调节信号频率（25 ~ 45 kHz）,观察频率调整时接收波的电压幅度变化,在某一频率点处（34.5 ~ 37.5 kHz）电压幅度最大,同时声速测试仪信号源的信号指示灯亮,此频率即为与压电换能器 S1、S2 相匹配的频率点,记录频率 v_i。改变 S1 和 S2 之间的距离，适当选择位置（至示波器屏上呈现出最大电压波形幅度时的位置），再微调信号频率，如此重复调整，再次测定工作频率，共测 5 次，取平均值 $\overline{v}_0$。

（三）用相位比较法（李萨如图形）测量波长

（1）将测试方法设置到连续波方式，连好线路，把声速测试仪信号源调到最佳工作频率 $\overline{v}_0$。

（2）调节示波器：

① 打开示波器，先把"辉度"（INTEN）、"聚焦"（FOCUS）、"X 位移"（POSITION）和"Y 位移"（POSITION）旋扭旋至中间位置。

② "扫描方式"（SWEEP MODE）选择"自动"（AUTO)。

③ "耦合"（COUPLING）选择"AC"。

④ "触发源"（SOURCE）选择"INT"。

⑤ 与垂直放大器连接方式（AC–GND–DC）选择"AC"。

⑥ "内触发"（INT TRIG）选择"CH1–X–Y"。

⑦ 把"选择扫描时间"（TIME/DIV）旋扭旋至"X–Y"，在"Y 方式"（VERT MODE）内，按下"CH2–X–Y"按钮，使 S2 轻轻靠拢 S1，然后缓慢移离 S2，观察示波器的波形。当示波器所显示的李萨如图形如图 10.4 所示 a 时，记下 S2 的位置 $X1$，适当调节示波器上的"V/cm"或信号源上的"发射强度"，可提高灵敏度。

⑧依次移动 S2，记下示波器上波形由图 10.4 中 a 变为图 10.4 中 e 时，读数标尺位置的读数 $X2$, $X3$, $X4$, …，共 12 个值。

⑨记下室温 t。

⑩用逐差法处理数据。

（四）干涉法（驻波法）测量波长

（1）按图 10.2 所示连接好电路。

（2）将测试方法设置成连续波方式，把声速测试仪信号源调到最佳工作频率 $\overline{v}_0$。将示波器的触发源（SOURCE）选择"LINE"，"选择扫描时间"(TIME/DIV）旋至 2 μs 处。

在共振频率下，将 S2 移近 S1 处，缓慢移离 S2，当示波器上出现最大振幅时，记下读数标尺位置 X_1'。

（3）依次移动 S2，记下各振幅最大时的 X_2'，X_3'，…，共 12 个值。

（4）记下室温 t。

（5）用逐差法处理数据。

（五）实验中应注意的问题

（1）换能器发射端与接收端间距一般要在 5 cm 以上方可测量数据；若距离近，可把信号源面板上的发射强度减小，随着距离的增大可适当增大。

（2）示波器上图形失真时可适当减小发射强度。

（3）测试最佳工作频率时，应把接收端放在不同位置处测量 5 次，取平均值。

六、测量记录和数据处理

实验测得数据，填入表 10-1、表 10-2.

表 10-1　共振法测量数据

次数	接收器位置 L_1	次数	接收器位置 L_2	$X=L_1-L_2$	$\lambda=2x/n$	ε_λ	$\sum \varepsilon_\lambda^2$	$\overline{\lambda}$
1		7						
2		8						
3		9						
4		10						
5		11						
6		12						

实验前温度：＿＿＿℃　实验后温度：＿＿＿℃　信号发生器显示频率：＿＿＿kHz

表 10-2　李萨如图形数据记录

次数	接收器位置 L_1	次数	接收器位置 L_2	$X=L_1-L_2$	$\lambda=2x/n$	ε_λ	$\sum \varepsilon_\lambda^2$	$\overline{\lambda}$
1		7						
2		8						
3		9						
4		10						
5		11						
6		12						

七、实验要求

用平均值的标准偏差表示测量结果。

（1）共振法：　$v = \overline{v} \pm \sigma_{\overline{v}}$。

（2）李萨如图形法：　$v = \overline{v} \pm \sigma_{\overline{v}}$。

思考题

（1）相位法测量声速时，怎样才能在示波器上观察到李萨如图形？最好选择什么样的李萨如图形进行测量？

（2）形成驻波的条件是什么？两压电换能器的端面为什么要平行？

（3）本实验选择在超声波范围内进行，这样做有什么好处？实验中为什么要在压电换能器谐振状态下测量空气中的声速？分析测量结果，哪些因素影响数据的准确性？

（4）用驻波测量声速，接收器在移动中，当示波器显示波形极大和极小时，接收器所在位置的介质质点振动位移和声压各处于什么状态？

（5）用弦振动法可以测量波在弦上传播的速度，比较好的办法是测量形成驻波时波节间的距离，而不是测量波腹间的距离，为什么？

（6）实验中采用逐差法处理数据有什么好处？怎样用作图法和最小二乘法处理数据？

注意事项

调节仪器时应严格按照教师或说明书的要求进行，以免损坏仪器。

（1）测量过程中仔细将频率调整到压电换能器的谐振频率。

（2）实验中采用累加放大法测量。

（3）实验完毕，必须整理好实验台和实验仪器。

实验十一　惠斯登电桥测电阻温度系数

电桥是电磁测量的重要仪器之一。它的优点是灵敏度和准确度都较高，因而应用相当广泛。电桥分为直流电桥和交流电桥两大类。直流电桥又分为单电桥和双电桥。前者称为惠斯登电桥，主要用来精确测量中等阻值的电阻（简称中值电阻，阻值范围 $1 \sim 10^6$ Ω）；后者称为凯尔文电桥，适用于低值电阻（10 Ω 以下）的测量。本实验我们使用的是惠斯登电桥。

一、实验目的

（1）掌握用惠斯登电桥测量电阻的原理。

（2）学会用电桥测量电阻的方法。

（3）了解热敏电阻的温度特性并测定其温度系数。

（4）了解电桥灵敏度的概念及其测量方法。

二、实验仪器及用具

QJ23 型惠斯登电桥，稳压电源，热敏电阻，恒温控制加热仪，连接导线，灵敏直流检流计。

三、仪器描述

除被测电阻 Rx 外，将电桥的其余元件及其连接导线均装入便于携带的箱内，这就成了箱式惠斯登电桥。箱式电桥虽然型号很多，但基本结构和使用方法是一样的。下面以 QJ23 型携带式直流单电桥为例加以说明。

由图 11.1 和图 11.2 可以看出：①已知电阻 R_0 是由四个可调节电阻（×1，×10，×100，×1000）组成，最小步进值为 1 Ω，调节这四个电阻，可使 R_0 在 $1 \sim 9999$ Ω 范围内变化；②R_1 和 R_2 由八个固定电阻组成，旋转旋钮 S，可使倍率 R_1/R_2 为 0.001，0.01，0.1，1，10，100 和 1000 等 7 个数中的任何一个数。

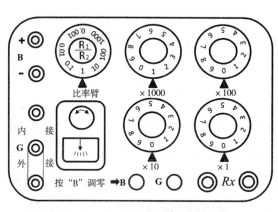

图 11.1　QJ23 型惠斯登电桥

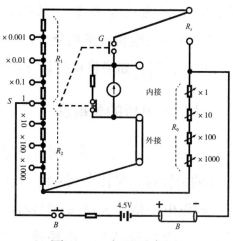

图 11.2　电阻示意图

四、实验原理

（一）惠斯登电桥的原理

用伏安法测电阻时，除了因所用的电流表和电压表准确度不高而带来的误差外，还有线路本身（电流表内接或外接）所带来的方法误差。电桥电路却不存在这些弱点，因为它无需使用电流表和电压表，而是直接将被测电阻与已知电阻相比较，所以用电桥法测电阻可以达到较高的精确度。

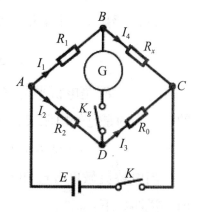

图 11.3　电桥原理图

惠斯登电桥的电路如图 11.3 所示。图 11.3 中的电阻 R_1、R_2 和 R_0 是已知的，R_x 是未知的，它们称为桥臂电阻；接有检流计 G 的支路 BD 称为"桥"。接通电源和检流计支路，调节桥臂电阻，能使检流计支路的电流 $I_g=0$，此时，我们称电桥处于平衡状态。因为 $I_g=0$，所以 B、D 两节点的电位相同，因此 $I_1R_1 = I_2R_2$，$I_4R_x = I_3R_0$，而且 $I_1=I_4$，$I_2=I_3$，由此可得

$$\frac{R_x}{R_1} = \frac{R_0}{R_2} \quad \text{或者} \quad R_x = \frac{R_1}{R_2}R_0 \tag{11.1}$$

如果 R_1/R_2 和 R_0 可直接读数，则由上式可算出被测电阻 R_x 的阻值。其

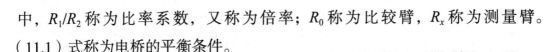

中，R_1/R_2 称为比率系数，又称为倍率；R_0 称为比较臂，R_x 称为测量臂。（11.1）式称为电桥的平衡条件。

可以证明：如果将检流计支路与电源支路对调位置，平衡条件并不改变。

（二）电桥的灵敏度

（11.1）式是当电桥平衡时推导出来的，而电桥是否平衡，是靠观察检流计 G 的指针有无偏转来判断的。须知，任何检流计的灵敏度总是有限的。

假设电桥倍率 $R_1/R_2 =1$ 时检流计指针指向零，此时 $R_x = R_0$。如将 R_0 增加或减少一个微量 ΔR_0，电桥便失去平衡，从而有相应的电流 I_g 通过检流计。但是，如果 I_g 小到难以察觉的程度，那么我们就会误认为电桥仍处于平衡状态，此时我们仍认为 $R_x = R_0 + \Delta R_0$。这个 ΔR_0 就是由于检流计的灵敏度有限而带来的测量误差。不同的检流计有不同的灵敏度，因而由它装配起来的电桥也有不同的灵敏度，所测的结果便有不同的误差。

为此，引入一个电桥灵敏度 S 的概念。它的定义式：

$$S = \Delta n / (\Delta R_x / R_x) \qquad （11.2）$$

式中 ΔR_x 是电桥平衡时 R_x 的微小改变量（实际上被测电阻 R_x 是不能改变的，改变的是已知电阻 R_0。不难证明，在不改变 R_1 和 R_2 的条件下，$\Delta R_x / R_x = \Delta R_0 / R_0$），而 Δn 是由于改变为（$R_x \pm \Delta R_x$）后检流计指针的偏转格数。

当电桥灵敏度 S 已知时，就可知道因灵敏度有限而带来的测量误差的数值。说明如下：

设当 R_x（实际上是 R_0）相对改变量 $\Delta R_x / R_x = 1\%$ 时，$\Delta n = 1.0$ 格，则 $S = 1.0/0.01 = 1.0 \times 10^2$ 格。通常我们能察觉出 1/10 格的偏转，因而只要 R_x 改变 0.1%，我们就能发现电桥失去了平衡。也就是说，此时因灵敏度有限而带来的误差为 0.1%。

为了提高电桥的灵敏度，可采用如下几种主要办法：①采用灵敏度更高的检流计；②减小检流计支路的电阻；③提高电源的电动势（但不能因此而烧坏电路中的电阻）；④减小电源支路的电阻。

五、实验内容与步骤

（一）用 QJ23 型电桥测电阻

（1）准备：如使用内部电源和检流计，则将被测电阻 R_x 接在面板的相应位置上；调节检流计的调零旋钮，使指针指零；估计被测电阻的阻值，将倍率旋钮 S 旋至适当的位置上，务必使测量时 R_0 有四位读数。表 11-1 可供选择倍率时参考：

表 11-1　可供选择倍率时参考

R_x 的估值 /Ω	1~10	10~100	100~1000	10^3~10^4	10^4~10^5	10^5 以上
倍率 R_1/R_2 的指示值	0.001	0.01	0.1	1	10	100

（2）测量：将比较臂的四个旋钮指在被测电阻 R_x 的估计值位置上。先按电源按钮"B"（接通电源）后按检流计按钮"G"（接通检流计支路），观察检流计指针的偏转情况：如偏向"+"的一侧，说明应增加 R_0 之值；如偏向"-"的一侧，则应减小 R_0。反复调节 R_0，直到电桥平衡为止。读取数据，计算结果；根据箱式电桥等级，计算结果的绝对误差。

（3）注意：

为了保护检流计，每次按按钮时，都应先按"B"、后按"G"；而每次松开按钮时，应将次序反过来，即先松"G"、后松"B"。

按钮开关"B"和"G"应断续使用（跃接法），尤其是检流计指针偏转急遽时，按钮"G"只能瞬时接触，否则有损坏检流计的危害。

调节比较臂的四个旋钮时，应先调高倍档（×1000）后调低倍档，即按"先高后低"的原则进行。如某旋钮转过一格，检流计指针便从一侧越过零点摆向另一侧，说明 R_0 的值变化太大了，应改调倍数较低的旋钮。

（二）测量箱式电桥的灵敏度 S

（1）电桥处于平衡状态时，使电阻 R_0 增加或减少一个微小量 ΔR_0，读出检流计指针偏离零点的格数 Δn，根据（11.2）式计算电桥灵敏度 S 之值。

（2）设指针偏转的分辨能力为 0.2 格，计算被测电阻 R_x 因灵敏度有限而

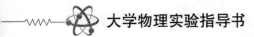

带来的绝对误差和相对误差。

六、数据记录及处理

实验测得数据，填入表 11-2、表 11-3。

表 11-2　测铜电阻温度系数 $\qquad C = R_1/R_2$

$t/℃$	40	50	60	70	80	90
R_3/Ω						
$R = C \cdot R_3$						

表 11-3　测电桥灵敏度及其对测量结果带来的误差

电阻	R_3/Ω	$\Delta R_3/\Omega$	$\Delta n/$格	$S = \dfrac{\Delta n}{\Delta R_3/R_3}$	$\dfrac{\Delta R_x}{R_x} = \dfrac{0.2}{S}$	$\Delta R_x/\Omega$
$Rx_1 =$						
$Rx_2 =$						
$Rx_3 =$						

思考题

（1）能否用惠斯登电桥测伏特表的内阻？如能，请画出测量用的电路图。此时能否省略检流计？

（2）在箱式电桥中选择倍率的原则是什么？假如 $R_x = 200\ \Omega$，能否选 R_1/R_2 为 1 或 0.01？为什么？

（3）能否用惠斯登电桥准确测量一段粗导线或 $10^6\ \Omega$ 以上的电阻？想一想或试一试？